高等学校大数据技术与应用规划教材

Hadoop 大数据基础实训教程

彭 梅　胡必波　李 满◎主 编
刘晓娟　左文涛　蔡 敏　刘钟凌　冯毅鹏◎副主编

中国铁道出版社有限公司
CHINA RAILWAY PUBLISHING HOUSE CO., LTD.

内 容 简 介

本书以 Hadoop 大数据技术生态圈主流框架的应用为主线，介绍了数据处理与分析中典型软件的使用和基础编程方法。

全书共包含七个基础实训和两个综合案例，内容涵盖操作系统（Linux）、开发工具（IDEA 和 Maven）以及大数据相关软件（Hadoop、HDFS、HBase、Hive、MapReduce、Spark、MySQL）等，可以较好地满足大数据实践教学需求。

本书适合作为高等学校大数据技术及相关专业的教材，也可作为教学辅助用书与其他大数据教材配套使用。

图书在版编目（CIP）数据

Hadoop 大数据基础实训教程/彭梅，胡必波，李满主编. —北京：中国铁道出版社有限公司，2022.2（2025.3 重印）

高等学校大数据技术与应用规划教材

ISBN 978-7-113-28752-8

Ⅰ.①H… Ⅱ.①彭… ②胡… ③李… Ⅲ.①数据处理软件-高等学校-教材 Ⅳ.①TP274

中国版本图书馆 CIP 数据核字（2022）第 000791 号

书　　名：Hadoop 大数据基础实训教程
作　　者：彭　梅　胡必波　李　满

策　　划：唐　旭		编辑部电话：（010）51873090
责任编辑：刘丽丽　徐盼欣		
封面设计：穆　丽		
封面制作：刘　颖		
责任校对：苗　丹		
责任印制：赵星辰		

出版发行：中国铁道出版社有限公司（100054，北京市西城区右安门西街 8 号）
网　　址：https://www.tdpress.com/51eds/
印　　刷：北京铭成印刷有限公司
版　　次：2022 年 2 月第 1 版　2025 年 3 月第 2 次印刷
开　　本：787 mm×1 092 mm　1/16　印张：12　字数：269 千
书　　号：ISBN 978-7-113-28752-8
定　　价：39.80 元

版权所有　侵权必究

凡购买铁道版图书，如有印制质量问题，请与本社教材图书营销部联系调换。电话：（010）63550836
打击盗版举报电话：（010）63549461

前 言

近年来，大数据已成为国家和企业的重要战略资源，大数据相关产业已成为我国未来科技创新和经济结构转型的战略性支柱产业之一，在国民经济的方方面面发挥着重要的作用。大数据技术的广泛应用也带来了巨大的人才缺口，各行各业都亟需大量掌握大数据处理技术的人才。要培养大数据人才，建设和完善大数据课程体系成为各高校的迫切任务。面对这种情况，高校需及时建立和完善大数据课程体系。

Hadoop 作为开源的大数据平台是大数据课程教学和企业大数据应用中的重要内容。从实践教学的教学过程和反馈来看，Hadoop 大数据技术课程具备较强的应用性和综合性特征，学生反映实践难度较大。为推进高校大数据课程体系的完善，满足高校实践教学的需求，加强课程中 Hadoop 大数据实践环节的训练，减少学生搭建大数据实训环境的障碍，我们组织编写了本书。

本书以 Hadoop 大数据技术生态圈主流框架的应用为主线，从搭建初始化的 Linux 集群到 Hadoop 完全分布式集群入手，重点阐述分布式文件系统 HDFS、分布式并行计算框架 MapReduce 基础编程方法，详细介绍分布式数据库 HBase、数据仓库 Hive 的安装和部署方法，拓展介绍基于内存的分布式并行计算框架 Spark 安装和部署方法以及 Hadoop 应用开发环境配置过程，便于学生为后续大数据开发学习做好准备。

通过学习本书，学生即使没有任何大数据基础，也可以对照书中的步骤成功搭建属于自己的大数据集群并独立完成项目开发，从而降低学习大数据的门槛。

本书共九个实训，包括七个基础实训和两个综合案例。基础实训部分详细介绍系统和软件的安装、使用以及基础编程方法。综合案例部分侧重于系统培养学生大数据处理设计开发、编程测试、部署调优等能力，使学生加深对知识的理解。

各实训主要内容如下：

实训 1 介绍 Linux 系统的安装。

实训 2 介绍分布式计算框架 Hadoop 的安装和配置。

实训 3 介绍分布式文件系统 HDFS 的操作方法和基础编程。

实训 4 介绍分布式数据库 HBase 和基于 Hadoop 的数据仓库 Hive 的安装和配置。

实训 5 介绍如何编写基本的 MapReduce 程序。

实训 6 介绍基于内存的分布式并行计算框架 Spark 的安装和部署。

实训 7 介绍 Hadoop 应用开发环境的安装和部署。

实训 8 为综合案例——电信流量大数据分析统计，介绍电信流量大数据分析统计，让学生掌握 Hadoop+Spark 数据分析处理的实战应用。

实训 9 为综合案例——基于 Hadoop 的云盘信息管理系统的设计与实现，介绍基于 Hadoop 的云信息管理系统的设计与实现，让学生掌握 Hadoop 结合 Java Web 技术的实战应用。

下图展示了本书中大数据软件之间的相互关系，由底向上简要说明如下：

Hive 数据仓库	Spark 基于内存的 分布式计算框架	IDEA 开发工具
MapReduce 分布式计算框架		
HBase 分布式数据库		
HDFS 分布式文件系统		
Linux 操作系统		

①操作系统层，采用 Linux 操作系统作为基础平台。

②数据存储与管理层，主要包括分布式文件系统 HDFS、分布式数据库 HBase 等，其中 HBase 借助 HDFS 作为底层存储。

③数据处理与分析层，主要包括分布式计算框架 MapReduce、数据仓库 Hive、基于内存的分布式计算框架 Spark 等，其中数据仓库 Hive 既可以作为数据分析工具，也可以作为数据存储和管理工具。用户可以直接编写 MapReduce 程序，也可以先编写 Hive SQL 查询语句再自动转换成 MapReduce 程序执行，实现对数据存储与管理层中的数据的处理和分析。

④Hadoop 应用开发环境，与 Java 应用开发环境类似。IDEA 作为一种集成化开发工具，支持 Java、Scala 等面向对象语言，让用户既可以编写 MapReduce、Spark 等应用程序，实现数据分析和处理，也可以编写 Hadoop Java API 程序实现数据存储与管理操作。

本书由广州粤嵌科技股份有限公司一线工程师和广州工商学院多年从事大数据专业教学和科研的一线教师合作编写而成，其中彭梅、胡必波、李满任主编，刘晓娟、左文涛、蔡敏、刘钟凌、冯毅鹏任副主编。

本书实践内容由浅到深，循序渐进，凸显学习的认知规律，着重介绍当前最新的知识和主流技术，保证学生所学知识和技术都与行业联系密切，让学生能够学以致用。

本书适合作为高等学校大数据技术及相关专业的教材，也可作为教学辅助用书与其他大数据教材配套使用。

尽管我们力求精益求精，但由于编者水平有限，书中难免存在不足及疏漏之处，敬请广大读者批评指正。

编　者
2021 年 9 月

目 录

实训 1　Linux 操作系统的安装 1

1.1　实训目的 1
1.2　实训要求 1
1.3　实训原理 1
　　1.3.1　虚拟化技术 1
　　1.3.2　Linux 4
　　1.3.3　Xmanager 6
　　1.3.4　JDK 6
　　1.3.5　SSH 免密登录 7
　　1.3.6　同步时钟 8
1.4　实训步骤 8
　　1.4.1　安装和配置 Linux 虚拟机 9
　　1.4.2　安装和配置 Linux 系统 17
　　1.4.3　搭建 Linux 集群 24

实训 2　Hadoop 的安装和配置 31

2.1　实训目的 31
2.2　实训要求 31
2.3　实训原理 31
　　2.3.1　Hadoop 31
　　2.3.2　Ambari 32
　　2.3.3　Docker 33
2.4　实训步骤 34
　　2.4.1　手工搭建方式 35
　　2.4.2　Ambari 自动化搭建方式 45
　　2.4.3　使用 Docker 搭建 Hadoop 分布式集群 50

实训 3　HDFS 操作方法和基础编程 55

3.1　实训目的 55
3.2　实训要求 55

3.3	实训原理	55
	3.3.1 HDFS	55
	3.3.2 HDFS Shell	56
	3.3.3 HDFS Java API	57
	3.3.4 HDFS 运行原理	58
3.4	实训步骤	60
	3.4.1 HDFS Shell 基本操作	60
	3.4.2 Java API 基本操作	61
	3.4.3 Java API 读写数据	66

实训 4　HBase 与 Hive 的安装和配置ᅟ69

4.1	实训目的	69
4.2	实训要求	69
4.3	实训原理	69
	4.3.1 HBase	69
	4.3.2 Hive	70
4.4	实训步骤	71
	4.4.1 安装 Zookeeper	71
	4.4.2 安装 HBase	72
	4.4.3 安装 Hive	75

实训 5　MapReduce 基础编程ᅟ81

5.1	实训目的	81
5.2	实训要求	81
5.3	实训原理	81
	5.3.1 MapReduce 编程思想	81
	5.3.2 单词频数统计	83
	5.3.3 YARN 框架	84
5.4	实训步骤	86

实训 6　Spark 的安装和配置ᅟ93

6.1	实训目的	93
6.2	实训要求	93
6.3	实训原理	93
	6.3.1 Zookeeper	94
	6.3.2 Spark	94

   6.3.3 Spark 编程原理 95
 6.4 实训步骤 96
   6.4.1 搭建 Zookeeper 分布式集群 96
   6.4.2 搭建 Spark 分布式集群 99
   6.4.3 运行 Spark 分布式集群 103

实训 7 Hadoop 开发环境的安装和部署 106

 7.1 实训目的 106
 7.2 实训要求 106
 7.3 实训原理 106
   7.3.1 IntelliJ IDEA 106
   7.3.2 Eclipse 108
   7.3.3 Maven 108
   7.3.4 Tomcat 109
   7.3.5 MySQL 109
 7.4 实训步骤 109
   7.4.1 部署 IDEA 109
   7.4.2 部署 Eclipse 127
   7.4.3 部署 Scala SDK 131
   7.4.4 部署 Maven 133
   7.4.5 部署 Tomcat 服务器 137
   7.4.6 部署 MySQL 服务器 142

实训 8 综合案例 1——电信流量大数据分析统计 151

 8.1 案例背景 151
 8.2 优化词频统计项目 151
 8.3 使用 Spark 的 local 模式进行数据清洗 ETL 实战 153

实训 9 综合案例 2——基于 Hadoop 的云盘信息管理系统的设计与实现 158

 9.1 案例背景 159
 9.2 系统开发工具与技术 159
   9.2.1 HDFS 159
   9.2.2 JSP 技术 159
   9.2.3 Apache Tomcat 服务器 160
   9.2.4 MySQL 数据库 160

9.3 搭建开发环境 161
　　9.3.1 搭建 Hadoop 开发环境 161
　　9.3.2 安装和配置开发工具 170
9.4 系统分析 172
9.5 系统设计 173
9.6 部分模块代码实现 179

实训 1

Linux 操作系统的安装

Linux 操作系统作为多用户、多任务的网络操作系统，有着开放、稳定、安全、费用低廉等其他操作系统无可比拟的优势，具有越来越广泛的应用前景。本实训通过虚拟机软件安装 Linux 操作系统并进行系统配置，以此为基础完成 Linux 集群搭建与配置。

1.1 实训目的

◆ 熟悉 VMware Workstation 的安装及使用。
◆ 熟悉 Xmanager 的安装及使用。
◆ 熟悉 Linux 虚拟机，了解如何搭建 Linux 集群。
◆ 熟悉 Linux 基本命令及 FTP 服务器配置。
◆ 熟悉 Java 基本命令及 JDK 安装方法。
◆ 掌握 SSH 免密码登录配置方法。
◆ 掌握同步时钟配置方法。

1.2 实训要求

本次实训完成后，要求学生能够：
◆ 使用 VMware 创建 Linux 虚拟机。
◆ 通过 Linux 虚拟机安装 Linux 系统。
◆ 通过 Xmanager 远程登录 Linux 系统。
◆ 通过 Linux 系统安装 JDK。
◆ Linux 集群配置 SSH 免密码登录。
◆ Linux 集群配置同步时钟。

1.3 实训原理

本实训在 Windows 操作系统下使用虚拟机软件安装 Linux 操作系统，并通过虚拟机软件模拟一个虚拟的实训环境来实现 Hadoop 集群搭建。

1.3.1 虚拟化技术

虚拟化技术是一种计算机资源管理技术，通过一个特殊虚拟化软件虚拟机管理器

（Virtual Machine Manager，VMM）在一台计算机上模拟出一个或多个虚拟化环境，而用户察觉不到其与真实计算机的差别。目前，市场上有很多虚拟化软件：有适合个人使用的 VMware Workstation、Microsoft Virtual PC 和 Sun Virtual Box 等；有适合企业使用的 Hyper-V 和 VMware ESX Server 等；有基于 Linux 内核的虚拟机（Kernel-based Virtual Machine，KVM）；还有基于半虚拟化技术的 Xen 等，用户可以根据需求来选择相应的虚拟化软件。常用虚拟化软件介绍见表 1-1。

表 1-1 常用虚拟化软件介绍

名 称	开发公司	产生时间	Logo	当前版本	特 点	适用范围
VMware Workstation	EMC	1999 年	vmware	VMware Workstation 16 Pro	使用 Vmware，可以同时运行 Linux 各种发行版、DOS、Windows 各种版本、UNIX 等，甚至可以在同一台计算机上安装多个 Linux 发行版、多个 Windows 版本	几乎使用任何设备都能访问
Kernel-based Virtual Machine（KVM）	Red Hat	2007 年	KVM	自 Linux 2.6.20 之后集成在 Linux 的各个主要发行版本中	KVM 是轻量级的虚拟化管理程序模块，该模块主要来自 Linux 内核；KVM 的虚拟化需要硬件支持，如具有 VT 功能的 Intel CPU 和具有 AMD-V 功能的 AMD CPU，目前不支持准虚拟化	只能在具有虚拟化支持的 CPU 上运行
Xen	英国剑桥大学	2003 年	Xen	Xen 4.12	直接运行在计算机硬件之上的用以替代操作系统的软件层，Xen 能够在计算机硬件上并发运行多个客户操作系统（Guest OS），同时支持全虚拟化和准虚拟化	Xen 可以运行在 x86、x86_64 和 ARM 系统上，并正在向 IA64、PPC 移植
Hyper-V	微软	2008 年	Microsoft	Hyper-V1.13	采用微内核的架构，兼顾了安全性和性能的要求，可以采用半虚拟化和全虚拟化两种模拟方式创建虚拟机	处理器必须支持 AMD-V 或者 Intel VT 技术
OpenVZ	SWsoft 公司	2005 年	OpenVZ	OpenVZ7	基于 Linux 内核和作业系统的操作系统级虚拟化技术，允许物理服务器运行多个操作系统	OpenVZ 的主机与客户系统都必须是 Linux

虚拟机能够让用户在一台物理主机上模拟出多个可以独立运行的机器，每个虚拟机中可以安装不同的操作系统，每个操作系统的磁盘分区、数据配置都是独立的，应用软件在各自操作系统内运行互相不受影响，而且多台虚拟机可以构建一个局域网。物理主机与虚拟机体系结构如图 1-1 所示（APP：应用程序；VM-A：虚拟机 A；VM-B：虚拟机 B）。

虚拟化常见的类型有系统虚拟化、服务器虚拟化、桌面虚拟化、存储虚拟化、网络虚拟化以及应用虚拟化等。

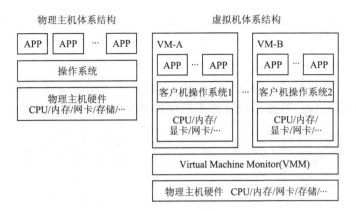

图 1-1 物理主机与虚拟机体系结构

① 系统虚拟化是指使用虚拟化软件如 VMware Workstation 在个人计算机上虚拟出一个逻辑系统,用户可以在这个虚拟的系统上安装和使用另一个操作系统及其应用程序,如同在使用另一台独立的计算机。该虚拟系统就是上文提到"虚拟机"。

② 服务器虚拟化是指将多台服务器整合到一台服务器中,运行多个虚拟环境,最终将节省物理空间。

③ 桌面虚拟化是指将计算机的终端系统(也称桌面)进行虚拟化,以达到桌面使用的安全性和灵活性。可以通过任何设备,在任何地点、任何时间通过网络访问属于个人的桌面系统。

④ 存储虚拟化是指通过存储虚拟化的技术方法,将系统中各种异构的存储设备映射为一个单一的存储资源,对用户完全透明,达到互操作性的目的。

⑤ 网络虚拟化将网络抽象化为一个广义的网络容量池,并将统一网络容量池以最佳的方式分割成多个逻辑网络,用户可以创建跨越物理边界的逻辑网络,从而实现跨集群和单位的计算资源优化。

⑥ 应用虚拟化是基于应用/服务器(A/S)的架构,采用类似虚拟终端的技术,把应用程序的人机交互逻辑(应用程序界面、键盘及鼠标的操作、音频输入/输出、读卡器、打印输出等)与计算逻辑隔离开。从本质上说,应用虚拟化是把应用对低层的系统和硬件的依赖抽象出来,可以解决版本不兼容的问题。

要实现 Hadoop 集群安装,至少要使用四台计算机。本实训以四台虚拟机节点为例来组建 Hadoop 分布式集群,考虑虚拟机兼容性选择 VMware 11,系统版本采用 CentOS 7。根据表 1-2 所示资源配置来组建大数据基础平台。

表 1-2　Hadoop 集群主机资源配置

主机名(FQDN)	内存/GB	硬盘/GB	IP 地址	角 色
master.hadoop.com	8	80	192.168.137.140	NameNode
slave1.hadoop.com	4	40	192.168.137.141	DataNode、SecondaryNameNode
slave2.hadoop.com	4	40	192.168.137.142	DataNode
slave3.hadoop.com	4	40	192.168.137.143	DataNode

为节省安装虚拟机操作系统的时间,使用 VMware Workstation 的虚拟机模板功能和克隆功能,只新建一台虚拟机,安装一次操作系统即可。虚拟机安装完操作系统以后,制作它的"快照",并把它设置为"模板"。再使用"克隆"的方式,从模板虚拟机的快照状态复制得到三台新的虚拟机,如图 1-2 所示。新虚拟机的环境与模板虚拟机的快照状态一致,节省了设置虚拟机硬件和安装操作系统的时间。

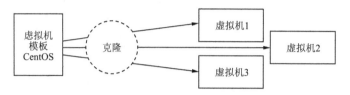

图 1-2 通过模板克隆虚拟机过程

VMware 提供了三种网络工作模式:Bridged(桥接)、NAT(Network Address Translation,网络地址转换)、Host-Only(仅主机)。桥接模式:选择桥接模式,虚拟机和宿主机在网络上是平级的关系,相当于连接在同一交换机上。NAT 模式:选择 NAT 模式,虚拟机若要联网需先通过宿主机,才能和外面进行通信。仅主机模式:选择仅主机模式,虚拟机与宿主机直接连起来。其中,桥接与 NAT 模式访问互联网过程如图 1-3 所示。

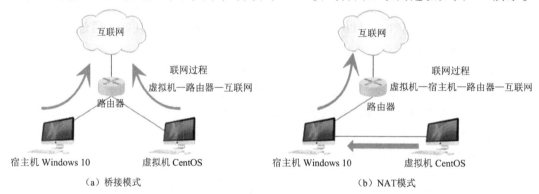

图 1-3 桥接与 NAT 模式访问互联网过程

本实训中把虚拟机的网络连接设置为"NAT 模式"。这样虚拟机可以通过主机的网络连接访问外部网络,为需要联网安装的软件提供了便利。通过设置 NAT 映射,虚拟机还可以为外部网站提供服务。此外,因为是在宿主机上运行虚拟化软件 VMware Workstation 创建虚拟机安装 Linux 系统,所以对宿主机的配置有一定的要求,建议宿主机配置 CPU i5 双核及以上、硬盘 500 GB 及以上、内存 4 GB 及以上。

1.3.2 Linux

Linux 全称 GNU/Linux,是一种免费使用和自由传播的类 UNIX 操作系统,其内核由林纳斯·本纳第克特·托瓦兹于 1991 年 10 月 5 日首次发布。它主要受到 Minix 和 UNIX 思想的启发,是一个基于 POSIX 和 UNIX 的多用户、多任务、支持多线程和多 CPU 的操作系统。它能运行主要的 UNIX 工具软件、应用程序和网络协议。它支持 32 位和 64 位硬件设备。Linux 继承了 UNIX 以网络为核心的设计思想,是一个性能稳定的多用户网络操作系统。Linux 有上百种不同的发行版，如基于社区开发的 Debian、Arch Linux，和基于商业开发的 Red Hat Enterprise Linux、SUSE、Oracle Linux 等，它们都使用了 Linux 内核。Linux 可安装在各种计算机硬件设备中，例如手机、平板电脑、路由器、视频游戏控制台、台式计算机、大型计算机和超级计算机。

Linux 的文件系统采用的是层级式的树状目录结构来组织文件，最上层是根目录"/"，然后在此目录下再创建其他目录，如图 1-4 所示。

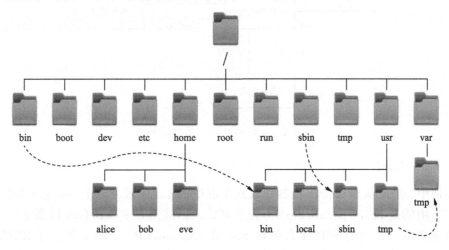

图 1-4 Linux 文件系统树

CentOS（Community Enterprise Operating System，社区企业操作系统）是 Linux 发行版之一，每两年发行一次，每个版本的系统会提供 10 年的安全维护支持。CentOS 源于 Red Hat Enterprise Linux（RHEL）依照开放源代码（大部分是 GPL 开源协议）规定释出的源码编译而成。自 2004 年 3 月以来，CentOS Linux 一直是社区驱动的开源项目，旨在与 RHEL 在功能上兼容。本实训推荐安装的 CentOS 7 系统于 2014 年 7 月 7 日正式发布，实训中涉及一些 Linux 常用操作命令，见表 1-3。

表 1-3 Linux 系统常用命令及含义

命 令	含 义
pwd	用于显示当前目录
cd	用于切换目录
ls	用于查看文件与目录
cp	用于复制文件，若复制的对象为目录，则需要使用-r 参数
mv	用于移动文件，在实际使用中，也常用于重命名文件或目录
rm	用于删除文件，若删除的对象为目录，则需要使用-r 参数
ps	用于查看系统的所有进程
tar	用于文件压缩与解压，参数中的 c 表示压缩，x 表示解压缩
cat	用于查看文件内容
ip addr	用于查看服务器 IP 配置

Linux 提供了类似 Windows 操作系统记事本程序的 vi 文本编辑器程序，可以执行输出、删除、查找、替换、块操作等众多文本操作。通过在命令行嵌入"vi/vim 文件名"后，默认进入"命令模式"，不可编辑文档，需按【I】键，方可编辑文档；编辑结束后，需按【Esc】键，先退回命令模式，再按【：】键进入末行模式，接着嵌入"wq"方可保存退出。vi 编辑器的三种模式切换如图 1-5 所示。

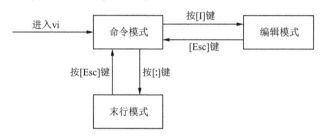

图 1-5　vi 编辑器的三种模式切换

1.3.3　Xmanager

实训中，需要从 Windows 机器登录到集群中的 Linux 服务器上，而绝大多数 Linux 服务器采用的是 SSH（Secure Shell）登录方式，因此需要在 Windows 机器上安装一个 SSH 登录工具。常用的 SSH 工具包括 XShell、Secure CRT、putty 等。在 UNIX/Linux 和 Windows 网络环境中，本实训推荐 XManager 作为连通解决方案。

XManager 全称 Xmanager Enterprise，是一个简单易用的高性能的运行在 Windows 平台上的 X Server 软件。就像运行在 PC 上的任何 Windows 应用程序一样，它可以无缝拼接到 UNIX 应用程序中。XManager 安装完以后会包含以下产品：Xbrowser、Xconfig、Xftp、Xlpd、Xmanager‐Broadcast、Xmanager‐Passive、Xshell、Xstart，如图 1-6 所示。其中，Xshell 是一个用于 Windows 平台的强大的 SSH、Telnet、和 RLOGIN 终端仿真软件。它使得用户能轻松和安全地从 Windows PC 上访问 UNIX/Linux 主机。Xftp 是一个用于 Windows 平台的强大的 FTP 和 SFTP 文件传输程序。Xftp 让用户能安全地在 UNIX/Linux 和 Windows PC 之间传输文件。

图 1-6　Xmanager Enterprise 系列产品组件

1.3.4　JDK

JDK（Java Development Kit，Java 开发包或 Java 开发工具）是一个编写 Java Applet 小程序和应用程序的开发环境。JDK 是整个 Java 的核心，包括 JRE（Java Runtime Environment，Java 运行环境）、一些 Java 工具和 Java API（Java 的核心类库）等。主流的 JDK 是 Sun 公司（已被甲骨文公司收购）发布的，除此之外，还有很多公司和组织开发了自己的 JDK，例如，IBM 公司开发的 JDK，BEA 公司开发的 JRocket，GNU

组织开发的 JDK。

JRE 是支持 Java 程序运行的标准环境,是运行环境,而 JDK 是开发环境。因此,写 Java 程序的时候需要 JDK,而运行 Java 程序的时候需要 JRE。JDK 里面已经包含了 JRE,因此只要安装了 JDK,就可以编辑和正常运行 Java 程序。但由于 JDK 包含了许多与运行无关的内容,占用的空间较大,因此运行普通的 Java 程序无须安装 JDK 而只需要安装 JRE 即可。本实训推荐 JDK 1.8 以上。在安装 Java 环境后,可以使用 Java 命令来编译、运行或者打包 Java 程序,实训中涉及一些 Java 基本命令,见表 1-4。

表 1-4 Java 基本命令及含义

命令	含义
java -version	用于查看 Java 版本
javac	用于编译 Java 程序
Java	用于运行 Java 程序
Jar	用于打包 Java 程序,打包时,加入 -m 参数,并指定 manifest 文件名

1.3.5 SSH 免密登录

集群中的计算机之间需要频繁通信,但是 Linux 系统在相互通信中需要进行用户身份认证,也就是输入登录密码。在集群规模不大的情况下,可以适用,但是,如果集群有几十台、几百台甚至几千台计算机,频繁地认证(输入密码)会增加任务负担,降低工作效率。因此,实际的集群需要进行免密登录。Hadoop 的基础是分布式文件系统 HDFS,HDFS 集群有两类节点以管理者—工作者的模式运行,即一个 NameNode(管理者)和多个 DataNode(工作者)。在 Hadoop 启动以后,NameNode 通过 SSH 来启动和停止各个节点上的各种守护进程,在这些节点之间执行指令时采用无须输入密码的认证方式,因此,需要将 SSH 配置成使用无须输入 root 密码的密钥文件认证方式。SSH 免密登录原理如图 1-7 所示。

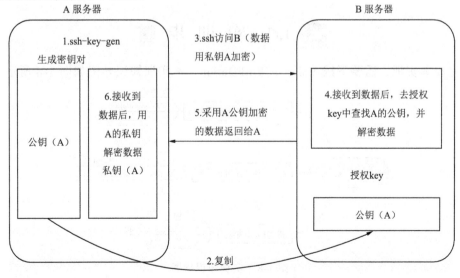

图 1-7 SSH 免密登录原理

1.3.6 同步时钟

在一台计算机上有两个时钟：一个称为硬件时间时钟（RTC Real Time Clock，又称实时时钟）；还有一个称为系统时钟（System Clock）。硬件时钟是指嵌在主板上的特殊的电路，它的存在就是平时关机之后还可以计算时间的原因。RTC 的英文全称是 Real-Time Clock，译为实时时钟芯片。RTC 是 PC 主板上的晶振及相关电路组成的时钟电路的生成脉冲。RTC 经过 8254 电路的变频产生一个频率较低的 OS（系统）时钟 TSC，系统时钟每一个 CPU 周期加一，每次系统时钟在系统初起时通过 RTC 初始化。8254 电路本身工作也需要有自己的驱动时钟（PIT）。

系统时钟就是操作系统的 kernel 所用来计算时间的时钟。它记录从 1970 年 1 月 1 日 00:00:00 UTC 时间到目前为止秒数总和的值。在 Linux 下，系统时间在开机的时候会和硬件时间同步（Synchronization），之后各自独立运行。在 Linux 运行过程中，系统时间和硬件时间以异步的方式运行，互不干扰。硬件时间的运行靠 BIOS 电池来维持，而系统时间是用 CPU tick 来维持，这也是系统时间长时间运行时会产生时间偏差的原因。

大数据系统是对时间敏感的计算处理系统，时间同步是大数据能够得到正确处理的基础保障，是大数据得以发挥作用的技术支撑。大数据时代，整个处理计算系统内的大数据通信都是通过网络进行。时间同步也是如此，利用大数据的互联网络传送标准时间信息，实现大数据系统内时间同步。

在集群中，随着集群节点数的增加，集群各节点之间时间不一致的问题会越来越严重，经常会引发故障。为避免类似问题出现，需要假设独立的时间同步服务器，并设置所有节点定时与时间服务器进行同步。例如，master 作为时间同步服务器，其他机器如 slave1、slave2、slave3 向该服务器通过内网请求时间同步，来保证集群间系统时间一致。Linux 系统可以配置网络时间同步，网络时间协议（Network Time Protocol，NTP）是用于互联网中时间同步的标准互联网协议。NTP 的用途是把计算机的时间同步到某些时间标准。目前采用的时间标准是世界协调时（Universal Time Coordinated，UTC）。

1.4 实训步骤

完成本实训，需要下载 VMware Workstation。本实训知识导图如图 1-8 所示。

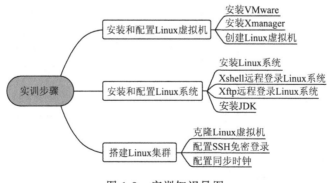

图 1-8 实训知识导图

1.4.1 安装和配置 Linux 虚拟机

1. 安装 VMware

Windows 系统下，按照 VMware 11 安装向导步骤，完成 VMware 安装过程。VMware 安装成功后，将显示 VMware Workstation 工作界面，如图 1-9 所示。

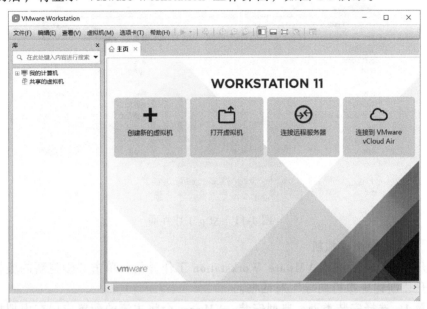

图 1-9　VMware Workstation 工作界面

2. 安装 Xmanager

Windows 系统下，按照 Xmanager 安装向导步骤，完成 Xmanager 安装过程。在安装好的 Xmanager 工具里双击打开 Xshell，将显示 Xshell 工作界面，如图 1-10 所示。

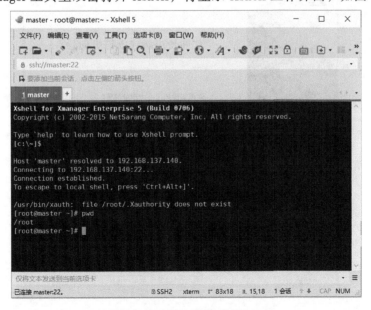

图 1-10　Xshell 工作界面

在安装好的 Xmanager 工具里双击 Xftp 图标，将显示 Xftp 工作界面，如图 1-11 所示。

图 1-11　Xftp 工作界面

3．创建 Linux 虚拟机

打开 VMware 后进入 VMware Workstation 工作界面，单击"创建新的虚拟机"按钮，打开"新建虚拟机向导"对话框。

步骤 1：选择安装类型。典型安装：VMware 会将主流的配置应用在虚拟机的操作系统上，对于新手很友好。自定义安装：可以针对性地把一些资源加强，把不需要的资源移除，避免资源的浪费。本实训推荐选择"自定义（高级）"单选按钮，如图 1-12 所示，单击"下一步"按钮。

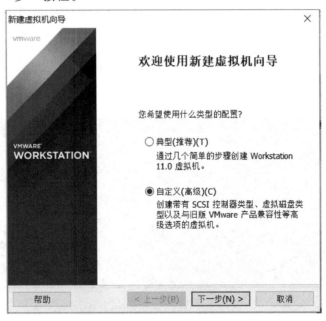

图 1-12　新建虚拟机向导步骤 1

步骤 2：选择虚拟机硬件兼容性。这里要注意兼容性，如果是 VMware 11 创建的虚拟机复制到 VMware 10 或者更低的版本会出现不兼容的现象。如果是用 VMware 10 创建的虚拟机在 VMware 11 中打开则不会出现兼容性问题。如图 1-13 所示，单击"下一步"按钮。

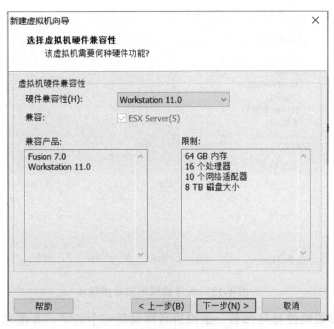

图 1-13　新建虚拟机向导步骤 2

步骤 3：选择安装客户机操作系统。为了让 VMware Tools 更好地兼容，这里选择"稍后安装操作系统"单选按钮，如图 1-14 所示，单击"下一步"按钮。

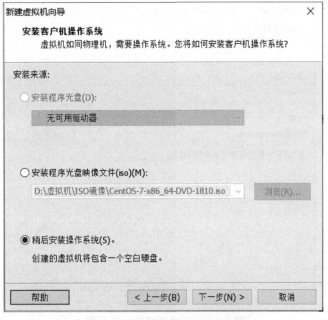

图 1-14　新建虚拟机向导步骤 3

步骤 4：选择客户机操作系统。这里选择"Linux"单选按钮，"版本"处选择"CentOS 64位"选项，如图1-15所示，单击"下一步"按钮。

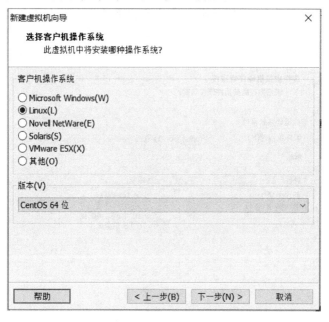

图 1-15　新建虚拟机向导步骤 4

步骤 5：虚拟机位置与命名。虚拟机名称就是一个名字，方便在虚拟机多的时候进行快速查找。在"虚拟机名称"处填写"master"。VMware 的默认位置是在"C"盘下，本实训在"位置"处改成"D"盘，后续路径可以自行定义，如图1-16所示，单击"下一步"按钮。

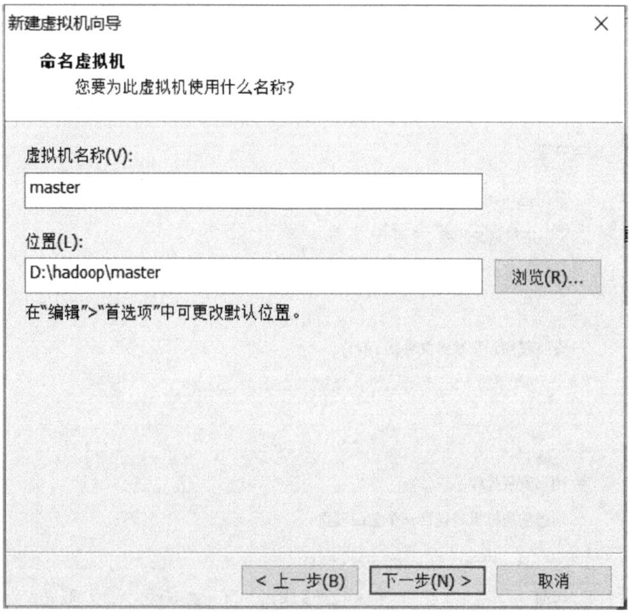

图 1-16　新建虚拟机向导步骤 5

步骤 6：分配处理器。处理器要根据自己的实际需求来分配。如果在使用过程中 CPU 不够，还可以再增加，因此，在"处理器数量"与"每个处理器的核心数量"处都选择"1"，如图 1-17 所示，单击"下一步"按钮。

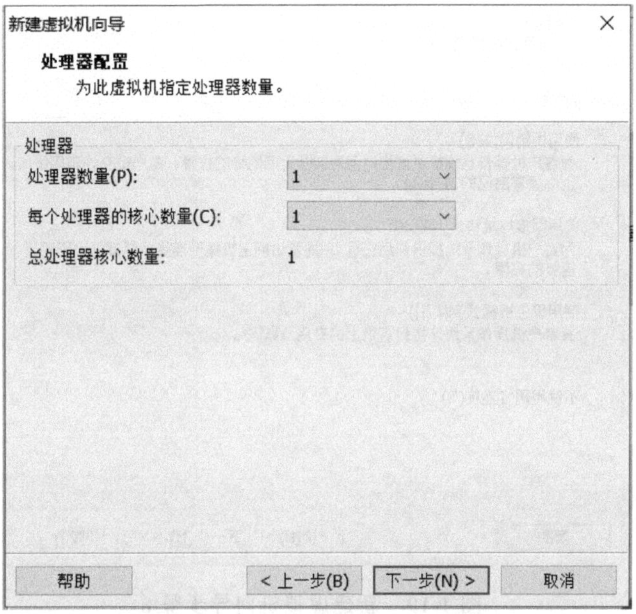

图 1-17 新建虚拟机向导步骤 6

步骤 7：分配内存。内存也是要根据实际的情况进行分配，例如宿主机内存是 32 GB，本实训给虚拟机 master 分配 4 GB 内存，因此，在"此虚拟机的内存"处填写"4096"，如图 1-18 所示，单击"下一步"按钮。

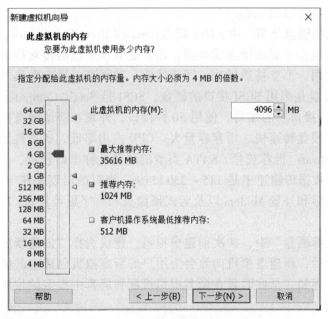

图 1-18 新建虚拟机向导步骤 7

步骤 8：选择网络连接类型。这里选择"使用网络地址转换（NAT）"单选按钮，如图 1-19 所示，单击"下一步"按钮。

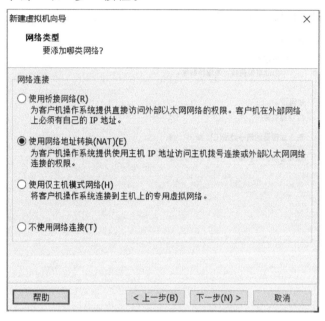

图 1-19　新建虚拟机向导步骤 8

步骤 9：接下来三项按虚拟机默认选项即可。

第一项"选择 I/O 控制器类型"中，BusLogic 是很老的技术，I/O 性能比 LSI 差不少，但对一些老的系统有效，比如 Windows 2000。LSI Logic SAS 仅适用于具有硬件版本 7 的虚拟机。VMware 建议创建一个与承载系统软件（引导磁盘）的磁盘配合使用的主适配器（默认为 LSI Logic）。

第二项"选择磁盘类型"中，IDE 即 Integrated Drive Electronics，它的本意是指把控制器与盘体集成在一起的硬盘驱动器，IDE 是表示硬盘的传输接口，但是存在速度慢、只能内置使用、不支持热插拔、冗错性差、功耗高、影响散热及连接线长度有限等缺点。SCSI 硬盘是采用 SCSI 接口的硬盘，SCSI 是 Small Computer System Interface（小型计算机系统接口）的缩写，使用 50 针接口，外观和普通硬盘接口相似。它性能好、稳定性高、硬盘转速快、缓存容量大、CPU 占用率低，扩展性远优于 IDE 硬盘、支持热插拔，VMware 推荐选择。SATA 类型的硬盘又称串口硬盘，是采用串行通信协议的扩展接口，数据传输速率是 115～230 kbit/s。串口的出现是在 1980 年前后，串口一般用来连接鼠标和外置 Modem 以及老式摄像头和写字板等设备，目前主板已开始取消该接口。

第三项"选择磁盘"中，初次创建虚拟机，建议选择"创建新虚拟磁盘"单选按钮，选择该选项后，新建虚拟机向导会为用户的新虚拟机创建空的虚拟磁盘文件，它将虚拟磁盘文件存储在早些时候在命名虚拟机配置屏幕中指定的位置中。选择这个选项具有下列优点：

① 用户可以像对用户的主机操作系统上的任何其他文件所做的那样，制作虚拟

磁盘文件的备份副本，可以复制虚拟磁盘文件到其他计算机上，以便其他人能够使用这台虚拟机；如果用户不再需要这台虚拟机，则可以简单地删除虚拟磁盘文件（以及任何配置文件）。

② 一个虚拟磁盘逐渐增大，只消耗容纳用户存储在虚拟机中的数据所需要的主机操作系统上的空间。而且，如果用户从客户操作系统中删除文件，则可以使用 VMware Tools 压缩虚拟磁盘并收回未使用的空间，这比使用一个物理磁盘分区存储客户操作系统要方便得多。

③ 如果发现它被设置得太大，用户会被要求分配一个特定数量的空间给分区并且采取特殊的步骤减少该分区的大小。

如果选择"使用现有虚拟磁盘"单选按钮，则可以使用由其他 VMware 产品创建的虚拟磁盘或者使用由以前版本的 VMware Workstation 创建的虚拟磁盘。

如果选择"使用物理磁盘（适用于高级用户）" 单选按钮，则代表使用一个已有的磁盘分区作为虚拟机的磁盘。需要注意的是，要使用一个物理磁盘与虚拟机一起工作，用户应该理解一般的磁盘和分区的概念。如果选择了错误的分区用作虚拟机的磁盘，可能会导致主机操作系统不可用。出于这个原因，同时为了方便，VMware 建议只有高级用户并且真正需要该功能时，才应该使用一个物理磁盘与虚拟机一起工作，否则应该创建一个新的虚拟磁盘或者使用一个已有的虚拟磁盘。

如图 1-20 所示，每一项都单击"下一步"按钮。

步骤 10：分配磁盘容量。在"最大磁盘大小（GB）"处填写"40"，表示分配 40 GB 磁盘空间，此空间后期可以随时增加。不要勾选"立即分配所有磁盘空间"复选框，否则虚拟机会将 40 GB 直接分配给 CentOS，这样会导致宿主机所剩硬盘容量减少。这里选择"将虚拟磁盘存储为单个文件"单选按钮。如图 1-21 所示，单击"下一步"按钮。

步骤 11：磁盘名称，默认即可。如图 1-22 所示，单击"自定义硬件"按钮，在弹出的对话框中可以取消不需要的硬件，例如声卡、打印机等，最后单击"完成"按钮。

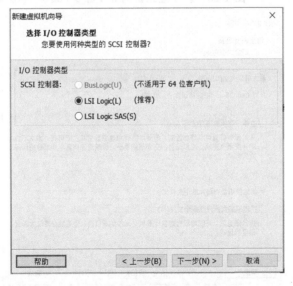

图 1-20　新建虚拟机向导步骤 9

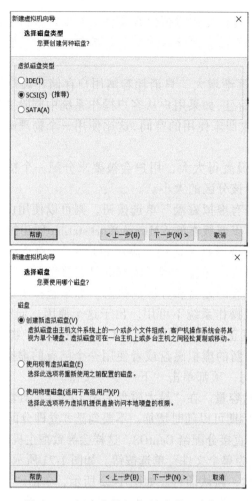

图 1-20 新建虚拟机向导步骤 9（续）

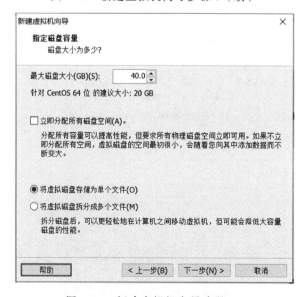

图 1-21 新建虚拟机向导步骤 10

图 1-22　新建虚拟机向导步骤 11

1.4.2　安装和配置 Linux 系统

1．安装 Linux 系统

步骤 1：使用光驱加载 ISO 映像文件。单击"编辑虚拟机设置"，从弹出的窗口中选择"硬件"→"CD/DVD"，选中"使用 ISO 映像文件"单选按钮，单击其下的"浏览"按钮，找到事先准备的 CentOS 7 镜像文件，勾选"启动时连接"复选框，如图 1-23 所示，单击"确定"按钮。

图 1-23　使用光驱加载 ISO 映像文件

步骤2：在虚拟机管理界面中单击"开启此虚拟机"按钮后数秒，开始CentOS 7系统安装，如图1-24所示，等待系统安装完毕。这个时间稍长，请耐心等待。在等待的同时，可以单击"ROOT PASSWORD"按钮设置超级账户"root"的密码"111111"，并且可以单击"USER CREATION"按钮设置一个一般账户如"hadoop"以及相应的密码"111111"。安装完成后，单击"完成"按钮，系统自动重启，重启系统即可。

图1-24　安装CentOS 7系统

2. Xshell 远程登录 Linux 系统

步骤1：在Windows下修改hosts文件。切换到宿主机"C:\Windows\System32\drivers\etc"路径下，找到hosts文件并通过记事本程序进行编辑修改。例如，在hosts文件末尾处添加"192.168.137.140 master"，映射IP到虚拟主机master，如图1-25所示。

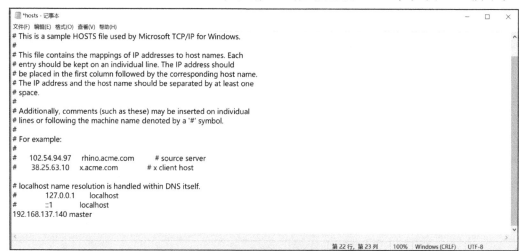

图1-25　宿主机映射IP到虚拟主机master

步骤2：配置Xshell会话属性。启动Xshell，选择"文件"→"属性"命令，打开"新建会话属性"对话框，"名称"和"主机"分别设置为"master"，如图1-26

所示，单击"确定"按钮，创建一个会话标签。

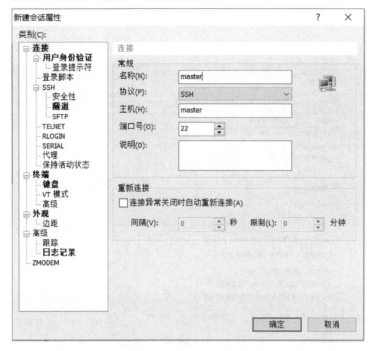

图 1-26　配置 Xshell 会话属性

步骤 3：远程登录 Linux 终端。单击"master"会话标签，第一次会话将弹出"SSH 安全警告"对话框，如图 1-27 所示，单击"接受并保存"按钮。

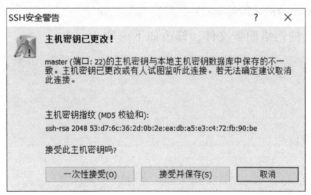

图 1-27　"SSH 安全警告"对话框

在接下来的对话框中，如果输入前面安装 Linux 系统时所设置的根用户名"root"和密码"111111"，将以超级管理员身份远程登录 Linux 终端，如图 1-28 所示。

图 1-28　远程登录 Linux 终端

在使用 Xshell 连接虚拟机之前需要先设置虚拟机的网络，使用 NAT 连接来演示。

首先确认当前虚拟机的网络连接为 NAT 模式，然后在 VMware 上修改 NAT 连接模式的 IP 设置。在 VMware Workstation 工作界面中选择"编辑→虚拟网络编辑器"，设置如图 1-29 所示。

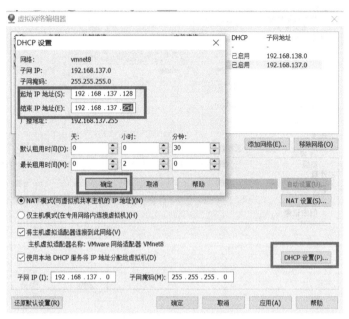

图 1-29　设置虚拟机网络

最后，在以"root"身份远程登录的 Linux 终端内输入如下命令修改虚拟机网卡：

vi /etc/sysconfig/network-scripts/ifcfg-ens33

打开虚拟机上的网络配置文件，修改如下两项：

#静态 IP
BOOTPROTO=static
#激活网卡
ONBOOT=yes

添加如下三项：

#设置 IP 地址
IPADDR=192.168.137.140
#设置子网掩码
NETMASK=255.255.255.0
#设置网关地址，与主机保持一致
GETWAY=192.168.137.2

使用如下命令，重启虚拟机网络：

service network restart

3．Xftp 远程登录 Linux 系统

步骤 1：在 Linux 下配置 FTP 服务器。启动 Xshell 远程登录 Linux 系统后，执行"yum install –y vsftpd"命令，通过 yum 安装 vsftpd，如图 1-30 所示。

```
[root@ecs-e9ab-0003 ~]# yum install -y vsftpd
```

图 1-30　通过 yum 安装 vsftpd

执行 "cd /etc/vsftpd/" 命令，进入 FTP 文件夹，找到 vsftpd.conf 文件，修改 vsftpd 的配置文件，通过执行 "vi vsftpd.conf" 命令打开 vi vsftpd.conf 文件，按【i】键进入编辑模式，做如下配置：①anonymous_enable=NO（禁用匿名访问）；②local_enable=YES（允许使用本地账户进行 FTP 用户登录验证）；③chroot_local_user=YES　chroot_list_enable=NO（使用户不能离开主目录）；④ascii_upload_enable=YES　ascii_download_enable=YES（设定支持 ASCII 模式的上传和下载功能）；⑤在配置文件末尾添加 allow_writeable_chroot=YES（只允许访问自身目录）。修改完成后，执行 ":wq" 命令直接保存并退出。

执行 "systemctl enable vsftpd.service" 命令，设置开机自启动服务。执行 "systemctl start vsftpd.service" 命令，开启 FTP 服务。

步骤 2：关闭 Linux 防火墙。执行 "systemctl status firewalld" 命令，查看防火墙运行状态。执行 "systemctl stop firewalld" 命令，关闭防火墙服务。为防止机器重启后防火墙服务重新开启，执行 "systemctl disable firewalld" 命令，可将防火墙服务永久关闭，如图 1-31 所示。

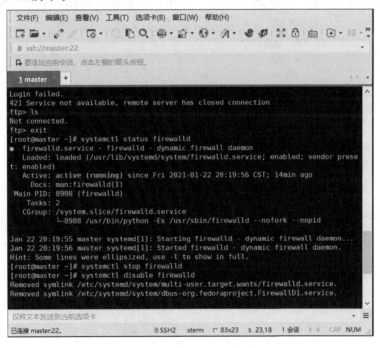

图 1-31　关闭 Linux 防火墙

步骤 3：关闭 Windows 系统防火墙。打开 Windows 系统的 "控制面板"，选择 "Windows Defender 防火墙" 选项，然后单击左侧的 "启用或关闭 Windows Defender 防火墙"，在 "专用网络设置" 和 "公用网络设置" 中分别设置为 "关闭 Windows Defender 防火墙(不推荐)"，如图 1-32 所示，单击 "确定" 按钮。

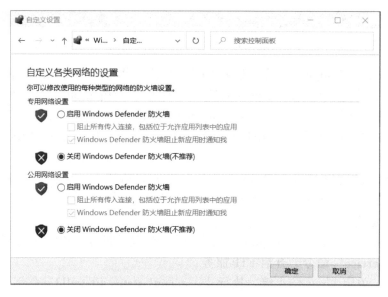

图 1-32　关闭 Windows 系统防火墙

步骤 4：配置 Xftp 会话属性。启动 Xftp，打开"默认会话属性"对话框，输入"名称"、"主机"和"协议"，如图 1-33 所示，单击"确定"按钮，创建一个会话标签。

图 1-33　配置 Xftp 会话属性

步骤 5：远程登录 Linux 终端。单击"master"会话标签，输入前面安装 Linux 系统时所设置的根用户名"hadoop"和密码"111111"，将以普通用户身份远程登录 FTP 服务器，如图 1-34 所示，并上传之前下载的 JDK 文件到 Linux 系统进行测试。

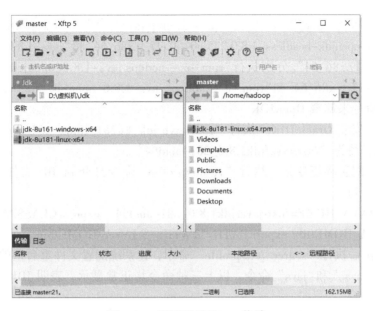

图 1-34　远程登录 Linux 终端

3. 安装 JDK

一般 Linux 自带的 JDK 或者是通过 yum 安装的 JDK 都是 OpenJDK，但是建议使用 OracleJDK。前者是开源的，缺失部分功能；后者是官方的。但是，如果直接安装 Oracle 的 JDK，第三方的依赖包不会安装，所以最有效的方式是通过 yum 安装 OpenJDK，并同时安装第三方依赖包，然后卸载 OpenJDK。通过手动安装 Oracle 的 JDK，就能解决依赖问题。

步骤 1：安装 OpenJDK。执行"yum –y install java"命令安装 OpenJDK。执行"java –version"命令，可以查看 JDK 版本号，如图 1-35 所示。

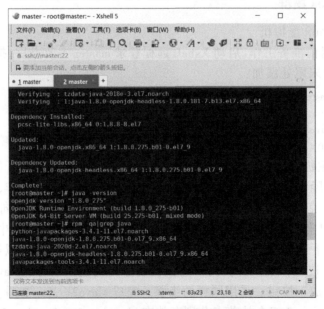

图 1-35　查看 OpenJDK 相关信息

步骤2：卸载OpenJDK。执行"rpm -qa|grep java"命令，可查看OpenJDK安装信息"java-1.8.0-openjdk-headless-1.8.0.275.b01-0.el7_9.x86_64"和"java-1.8.0-openjdk-1.8.0.275.b01-0.el7_9.x86_64"。分别执行"rpm -e --nodeps java-1.8.0-openjdk-headless- 1.8.0.275.b01-0.el7_9.x86_64"和"rpm -e --nodeps java-1.8.0-openjdk-1.8.0.275.b01-0.el7_9.x86_64"命令来卸载OpenJDK。

步骤3：安装OracleJDK。执行"rpm -ivh jdk-8u281-linux-x64.rpm"命令，完成安装，默认路径为"/usr/java/jdk1.8.0_281-amd64"。

步骤4：配置环境变量。执行"vi /etc/profile"命令打开profile文件，在该文件末尾添加以下语句：

export JAVA_HOME=/usr/java/jdk1.8.0_281-amd64   export CLASSPATH=＄CLASSPATH:＄JAVA_HOME/lib/ export PATH=$PATH: ＄JAVA_HOME/bin

保存退出后执行"source /etc/profile"命令，让系统配置文件重启生效。执行"java -version"、"javac"和"java"命令，以上三种命令均正常显示，表明JDK环境变量已配置成功。

步骤5：编译运行简单的Java程序。执行"vi HelloWorld.java"命令，在编辑器中创建一个"HelloWorld"类，执行输出函数，实现在屏幕终端打印输出"Hello World"：

```
public class HelloWorld{
    public static void main(String[] args){
        System.out.println("Hello World");
    }
}
```

保存后退出，依次执行"java HelloWorld.java"和"java HelloWorld"命令，查看程序运行输出结果"Hello World"。

1.4.3 搭建Linux集群

1. 克隆Linux虚拟机

步骤1：克隆前准备工作。启动Xshell远程登录master主节点后，执行"vi /etc/hosts"命令，在该文件末尾处添加：

```
192.168.137.140 master
192.168.137.141 slave1
192.168.137.142 slave2
192.168.137.143 slave3
```

映射IP到主机名，实现通过名称来查找集群中相应的服务器，如图1-36所示。

步骤2：克隆Linux虚拟机。选中想要克隆的虚拟机"master"，选择"虚拟机"→"管理"→"克隆"命令，如图1-37所示，打开"克隆虚拟机向导"对话框，如图1-38所示。单击"下一步"按钮，在下一个界面中选择"虚拟机中的当前状态"单选按钮，单击"下一步"按钮，选择"创建完整克隆"，方便对虚拟机的移动和操作，单击"下一步"按钮，在新界面的"虚拟机名称"处输入名称"slave1"并选择克隆位置，单击"完成"按钮。采用同样的步骤，完成slave2、slave3两个从节点的克隆。slave1、slave2、slave3三个从节点分别存放在slave1、slave2、slave3三个文件夹中。

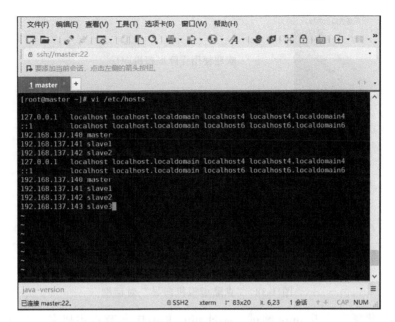

图 1-36　集群主机映射 IP 到主机名

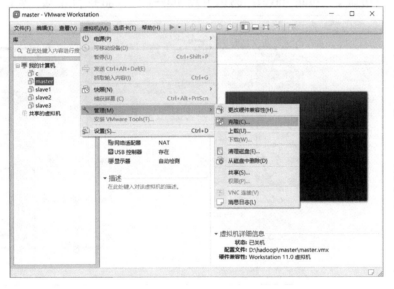

图 1-37　克隆 Linux 虚拟机

步骤 3：修改 Linux 克隆虚拟机配置。执行"vi /etc/hostname"命令，将三个从节点的主机名分别修改为 slave1、slave2、slave3，然后执行"ifconfig –a"命令分别查看三个从节点本机 MAC 地址，即 HWADDR=xxxxxx，通过执行"#vi /etc/sysconfig/network-scripts/ifcfg-eth0"命令打开网卡设置文件，修改 IP 地址，分别将 slave1、slave2、slave3 三个从节点 IP 地址修改为"192.168.137.141"、"192.168.137.142"和"192.168.137.143"，slave1 节点设置如图 1-39 所示。删除 UUID，添加本机 MAC 地址，通过执行"vi /etc/hosts IP 地址主机名"命令修改域名映射，重启虚拟机，生效配置。

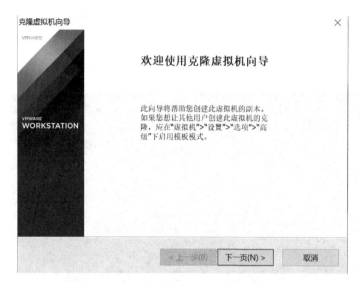

图 1-38 "克隆虚拟机向导"对话框

步骤 4：集群节点互 ping 测试。通过 ping 集群中各节点主机名，测试网络是否互通。例如，使用命令"ping slave1"测试节点 slave1 是否能够 ping 通，如图 1-40 所示。

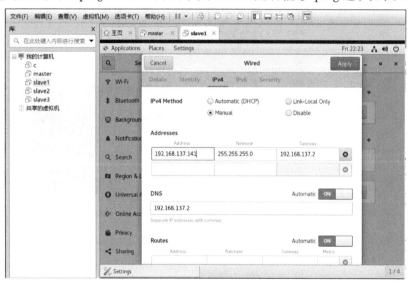

图 1-39 修改克隆机 IP 地址

2. 配置 SSH 免密登录

步骤 1：生成公钥和私钥。启动 Xshell 远程登录 master 主节点后，执行"ssh-keygen -t rsa"命令，连续按四次【Enter】键，生成两个文件 id_rsa（私钥）、id_rsa.pub（公钥），如图 1-41 所示。

创建的 id_rsa（私钥）、id_rsa.pub（公钥）两个文件是在隐藏文件夹/root/.ssh/下面，执行"cd ~/.ssh"命令，如果提示 ssh 目录找不到，是因为没有用 root 用户 SSH 登录过，执行一下 SSH 操作就会自动生成了。再执行一次"cd ~/.ssh"命令，进入到.ssh

目录下并执行"ls –al"命令,可查看该目录路径。

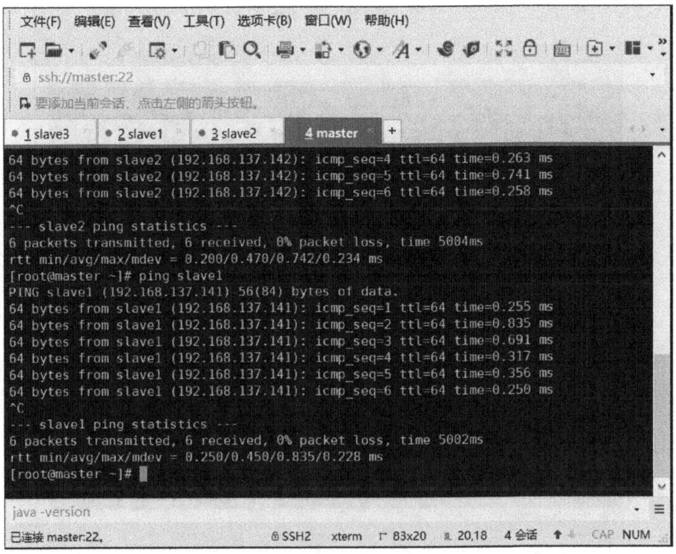

图 1-40 集群节点互 ping 测试

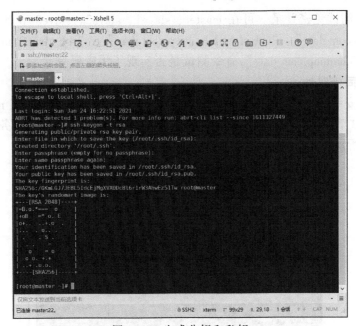

图 1-41 生成公钥和私钥

步骤 2:复制各节点公钥到其他节点(包括自身)。在 master、slave1、slave2、slave3 节点,分别执行"ssh-copy-id master"、"ssh-copy-id slave1"、"ssh-copy-id slave2."和"ssh-copy-id slave3."命令,根据提示输入"yes"并输入访问主机所需要的密码(主机名根据实际虚拟机的主机名输入),通过复制各节点. ssh/id_rsa. pub 至其他节点的. ssh /authorized_keys 文件中,实现任意两节点的无密码登录,如图 1-42 所示。(在密钥复制完之后,还要在 master 上使用"ssh slave1"命令退出 logout,使用"ssh slave2"命令退出 logout,使用 ssh slave3",命令退出 logout,在第一次使用 SSH 协议访问时要输入密码,没有这一步将无法启动 Hadoop)

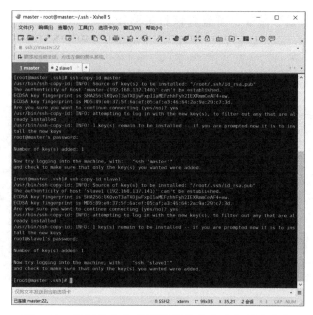

图 1-42　复制各节点公钥到其他节点（包括自身）

步骤 3：测试免密登录。可在 master、slave1、slave2、slave3 节点分别执行"ssh master.hadoop.com date"、"ssh slave1.hadoop.com date"、"ssh slave2.hadoop.com date"和"ssh slave3.hadoop.com date"命令测试是否实现了无密码登录。

3．配置同步时钟

步骤 1：安装 ntp 服务。启动 Xshell 远程登录 master 主节点后，在 master、slave1、slave2、slave3 节点，分别执行"yum –y install ntp"命令，安装 ntp 服务器。安装后结果如图 1-43 所示。

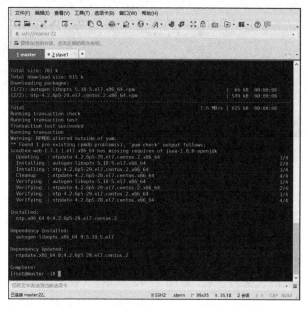

图 1-43　master 节点安装 ntp 服务结果

步骤 2：修改 ntp 服务器配置文件。在 master 节点执行"vi /etc/ntp.conf"命令，修改配置文件，注释掉以 server 开头的行，再添加如下代码：

```
#server 0.centos.pool.ntp.org iburst
#server 1.centos.pool.ntp.org iburst
#server 2.centos.pool.ntp.org iburst
#server 3.centos.pool.ntp.org iburst
restrict 192.168.137.2 mask 255.255.255.0 nomodify notrap
server 127.127.1.0
fudge 127.127.1.0 stratum 10
```

修改后文件如图 1-44 所示。

在 slave1、slave2、slave3 节点分别执行"vi /etc/ntp.conf"命令，修改配置文件，同样注释掉以 server 开头的行，再添加如下代码：

```
#server 0.centos.pool.ntp.org iburst
#server 1.centos.pool.ntp.org iburst
#server 2.centos.pool.ntp.org iburst
#server 3.centos.pool.ntp.org iburst
server master.hadoop.com
```

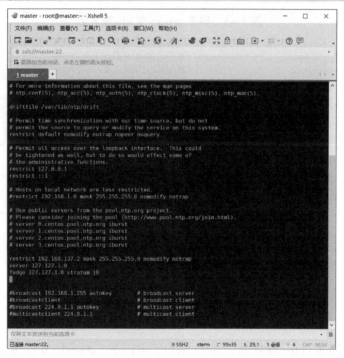

图 1-44　master 修改 ntp 服务器配置文件

同步 master 主 ntp 服务器，如图 1-45 所示，保存后退出。

步骤 3：启动 ntp 服务器。在 master 节点，执行"systemctl start ntpd.service & systemctl enable ntpd.service"命令，启动 ntp 服务器，并设置为开机自启动，可执行"systemctl status ntpd"命令，查看 ntp 服务器启动状态，如图 1-46 所示。

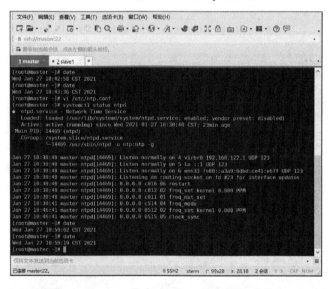

图 1-45 同步 master 主 ntp 服务器

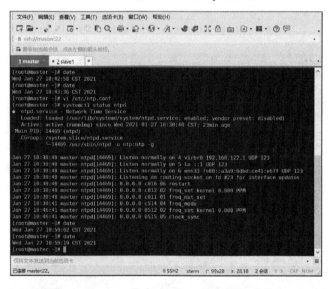

图 1-46 master 节点查看 ntp 服务器启动状态

步骤 4：同步 ntp 服务器。在 slave1、slave2、slave3 节点分别执行"ntpdate master.hadoop.com"命令（在执行这条命令时，如果出现了 no server suitable for synchronization found 问题，没有解决但不影响 Hadoop 环境搭建），同步好时间后，再执行"systemctl start ntpd.service & systemctl enable ntpd.service"命令，启动 ntp 服务器，并设置为开机自启，可执行"systemctl status ntpd"命令，查看 ntp 服务器启动状态。

步骤 5：查看时钟同步。在 master、slave1、slave2、slave3 节点分别执行"date"命令，查看集群主机是否与时间服务器同步。

实训 2
Hadoop 的安装和配置

Hadoop 是大数据技术的标准，学习大数据应从 Hadoop 开始。本实训在上一章的基础上，介绍采用手工配置、Ambari 自动化和 Docker 容器三种方式搭建 Hadoop 分布式集群环境，并对配置好的环境进行验证测试，为后续进一步学习 Hadoop 开发做好准备工作。

2.1 实训目的

- ◆熟悉 Hadoop 生态系统。
- ◆掌握 Hadoop 的安装与配置。
- ◆熟悉 Hadoop 的基本命令。
- ◆了解 Ambari 的安装与配置。
- ◆了解 Docker 的安装与配置。

2.2 实训要求

本次实训完成后，要求学生能够：
- ◆完成 Hadoop 分布式集群安装和部署。
- ◆管理 Hadoop 分布式集群。
- ◆使用 Ambari 搭建 Hadoop 分布式集群。
- ◆使用 Docker 搭建 Hadoop 分布式集群。

2.3 实训原理

若采用手工配置搭建方式，应先学习了解 Hadoop 背景知识，熟悉 Hadoop 生态圈。若采用 Ambari 自动化搭建方式，应先学习了解 Cloudera Manager Ambari 等大数据平台管理工具，熟悉 Ambari Server 架构原理。若采用 Docker 容器搭建方式，应先学习了解 Docker 容器基本概念，熟悉 Docker 架构。

2.3.1 Hadoop

Hadoop 是一个由 Apache 基金会开发的开源软件，是具有可靠性、扩展性的分布式的计算存储系统。Hadoop 项目主要包括四个部分：①HDFS：分布式系统对应用提供高吞吐量的访问；②Hadoop YARN：资源管理和任务调度的一个框架；③Hadoop MapReduce：能够并行处理大数据集的 YARN 基本系统；④Hadoop Common：支撑其他模块。

Hadoop 的框架核心的设计是 HDFS 和 MapReduce，其中 HDFS 为海量的数据提供了存储，而 MapReduce 为海量的数据提供了计算。Hadoop 生态系统如图 2-1 所示。

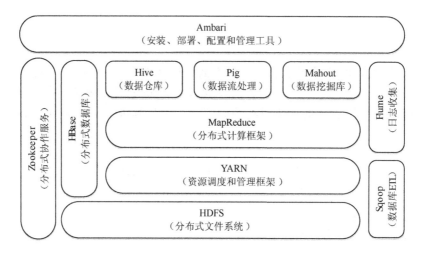

图 2-1　Hadoop 生态系统

Apache 项目中还有很多和 Hadoop 相关联的其他常用组件，主要包括：
① Zookeeper：分布式协作服务系统。解决分布式应用一致性问题。
② HBase：分布式海量数据库。适合离线分析和在线业务场景。
③ Hive：数据仓库工具。使用方便，功能丰富，使用方法类似 SQL。
④ Flume：海量日志采集、聚合和传输的框架。
⑤ Sqoop：Hadoop（HDFS、HBase、Hive）与传统关系数据库（MySQL、Oracle、PostgreSQL 等）交换数据工具。
⑥ Mahout 机器学习：基于 MapReduce 的机器学习算法库。

2.3.2　Ambari

Apache Ambari 是一种基于 Web 的工具，支持 Apache Hadoop 集群的供应、管理和监控。Ambari 目前已支持大多数 Hadoop 组件，包括 HDFS、MapReduce、Hive、Pig、HBase、Zookeeper、Sqoop 等。

Ambari 是一个分布式架构的软件，主要由 Ambari Server 和 Ambari Agent 两部分组成。Ambari Server 会读取集群中相应服务的配置文件。当用户使用 Ambari 创建集群时，Ambari Server 传送相应的配置文件以及服务生命周期的控制脚本到 Ambari Agent。Agent 得到配置文件后，会下载并安装相应的服务，Ambari Server 会通知 Agent 去启动和管理服务。之后 Ambari Server 会定期发送命令到 Agent 检查服务的状态，将状态信息上报给 Server，并呈现在 Ambari 的 GUI 上，方便用户了解集群的各种状态,并进行相应的维护。同时,它还有一个监控组件 Ambari-Metrics,可以提前配置好关键的运维指标(metrics),然后收集集群中的服务、主机等运行状态信息,通过 Web 的方式显示出来。用户可以直接查看 Hadoop Core(HDFS 和 MapReduce)及相关项目(如 HBase、Hive 和 HCatalog)是否健壮。其用户界面非常直观,用户可以轻松有效地查看信息并控制集群。Ambari Server 架构如图 2-2 所示。

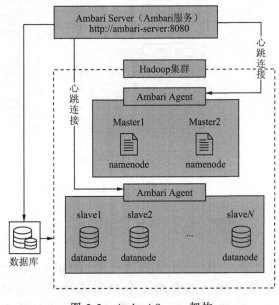

图 2-2　Ambari Server 架构

2.3.3　Docker

Docker 是一个开源的应用容器引擎,开发者可以打包应用以及依赖包到一个可移植的镜像中,然后发布到任何流行的 Linux 或 Windows 机器上。Docker 也可以实现虚拟化,与传统的 VMware 虚拟化技术相比,具有启动速度快、资源利用率高、性能开销小等优点。

Docker 使用客户端/服务器(Client/Server)架构模式,使用远程 API 来管理和创建 Docker 容器。Docker 容器通过 Docker 镜像来创建。Docker 架构如图 2-3 所示,相关术语如下:

① Images:Docker 镜像,是用于创建 Docker 容器的模板,比如 Ubuntu 系统。

② Container:Docker 容器,是独立运行的一个或一组应用,是镜像运行时的实体。

③ Client:Docker 客户端,通过命令行或者其他工具使用 Docker SDK 与 Docker 的守护进程通信。

④ Host:Docker 主机,一个物理或者虚拟的机器用于执行 Docker 守护进程和容器。

⑤ Docker Registry:Docker 仓库用来保存镜像,可以理解为代码控制中的代码仓库。

⑥ Docker Machine:一个简化 Docker 安装的命令行工具,通过一个简单的命令行即可在相应的平台上安装 Docker,比如 VirtualBox、Digital Ocean、Microsoft Azure。

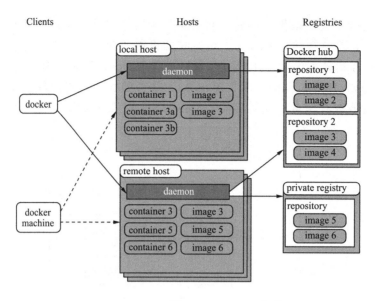

图 2-3　Docker 架构

2.4　实训步骤

手工搭建方式可以分为 Hadoop 单机版环境、Hadoop 伪分布式环境和 Hadoop 完全分布式环境。本节首先重点介绍完全分布式环境安装过程，然后简要介绍 Ambari 自动化、Docker 容器等方式。手工搭建方式所设计的 Hadoop 集群拓扑结构如图 2-4 所示。

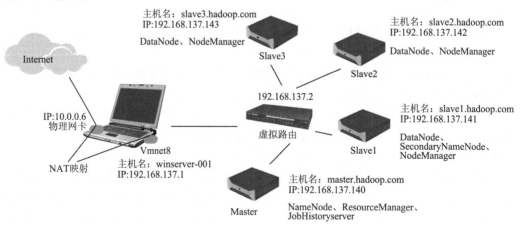

图 2-4　Hadoop 集群拓扑结构

Hadoop 集群主机规划见表 2-1。

表 2-1　Hadoop 集群主机规划

主机名（FQDN）	内存/GB	硬盘/GB	IP 地址	角　色
master.hadoop.com	8	80	192.168.137.140	NameNode、ResourceManager、jobHistoryserver
slave1.hadoop.com	4	40	192.168.137.141	DateNode、SecondaryNameNode、NodeManager
slave2.hadoop.com	4	40	192.168.137.142	DateNode、NodeManager
slave3.hadoop.com	4	40	192.168.137.143	DateNode、NodeManager

所使用的相关软件及版本见表 2-2。

表 2-2　相关软件及版本

软　件	版　本	安　装　包	备　注
Hadoop	2.7.2	hadoop-2.7.2.tar.gz	已编译好的安装包

Hadoop 配置文件及说明见表 2-3。

表 2-3　Hadoop 配置文件及说明

配置文件名称	说　明
core-site.xml	Hadoop 的核心配置文件
hadoop-env.sh	Hadoop 运行环境配置文件
hdfs-site.xml	HDFS 框架配置文件
mapred-site.xml	MapReduce 框架配置文件
yarn-site.xml	YARN 框架配置文件
yarn-env.sh	YARN 框架运行环境配置文件
slaves	从节点信息文件

监控相关服务集群见表 2-4。

表 2-4　监控相关服务集群

服　务	Web 接口	默认端口
NameNode	http://namenode_host:port	50070
ResourceManager	http://resourcemanager_host:port	8088
MapReduce JobHistory Server	http://jobhistoryserver_host:port	19888

2.4.1　手工搭建方式

1. 部署 Hadoop

步骤 1：修改 core-site.xml 文件。在 master 节点，执行"cd /usr/local/"命令，切换到目录。执行"tar -zxvf hadoop-2.7.2.tar.gz"命令，解压 Hadoop 安装文件，执行"mv hadoop-2.7.2 hadoop"命令，将解压后的 hadoop-2.7.2 文件名修改为 hadoop。执行"cd /usr/local/hadoop/etc/hadoop"和"vi core-site.xml"命令，如图 2-5 所示，添加如下代码：

```
<configuration>
    <property>
        <name>fs.defaultFS</name>
        <value>hdfs://master.hadoop.com:8020</value>
    </property>
    <property>
        <name>hadoop.tmp.dir</name>
        <value>/var/log/hadoop/tmp</value>
    </property>
</configuration>
```

上述代码中，fs.defaultFS 属性配置 Hadoop 的 HDFS 系统的命名，主机 master.hadoop.com，位置 8020 端口。hadoop.tmp.dir 属性配置 Hadoop 临时文件的位置。

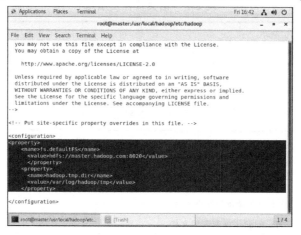

图 2-5　修改 core-site.xml 文件

步骤 2：修改 hadoop-env.sh 文件。在 master 节点，执行"cd /usr/local/hadoop/etc/hadoop"和"vi hadoop-env.sh"命令，设置 Hadoop 运行环境"export JAVA_HOME=/usr/java/jdk1.8.0_281-amd64"，如图 2-6 所示。

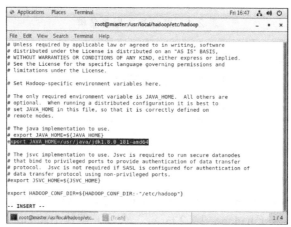

图 2-6　修改 hadoop-env.sh 文件

步骤 3：修改 hdfs-site.xml 文件。在 master 节点，执行"cd /usr/local/hadoop/etc/

hadoop"和"vi hdfs-site.xml"命令，如图2-7所示，添加如下代码：

```
<configuration>
<property>
    <name>dfs.namenode.name.dir</name>
    <value>file:///data/hadoop/hdfs/name</value>
</property>
<property>
    <name>dfs.datanode.data.dir</name>
    <value>file:///data/hadoop/hdfs/data</value>
</property>
<property>
    <name>dfs.namenode.secondary.http-address</name>
    <value>slave1.hadoop.com:50090</value>
</property>
<property>
    <name>dfs.replication</name>
    <value>3</value>
</property>
</configuration>
```

上述代码中，dfs.namenode.name.dir 属性指定 NameNode 元数据存储位置，dfs.datanode.data.dir 属性指定 DataNode 数据存储位置，dfs.namenode.secondary.http-address 属性指定 SecondaryNameNode 的地址，dfs.replication 属性配置副本数。默认为3个。

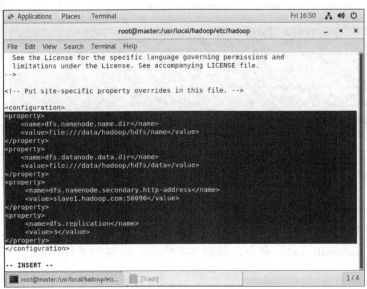

图 2-7 修改 hdfs-site.xml 文件

步骤4：修改 mapred-site.xml 文件。在 master 节点，执行"cd /usr/local/hadoop/etc/hadoop"和"cp mapred-site.xml.template mapred-site.xml"命令，由模板复制创建 mapred-site.xml 文件，执行"vi mapred-site.xml"命令，如图2-8所示，添加如下代码：

```
<configuration>
```

```
<property>
    <name>mapreduce.framework.name</name>
    <value>yarn</value>
</property>
<!-- jobhistory properties -->
<property>
    <name>mapreduce.jobhistory.address</name>
    <value>master.hadoop.com:10020</value>
</property>
<property>
    <name>mapreduce.jobhistory.webapp.address</name>
    <value>master.hadoop.com:19888</value>
</property>
</configuration>
```

上述代码中，mapreduce.framework.name 属性指定 YARN 框架，mapreduce.jobhistory.address 属性以及 mapreduce.jobhistory.webapp.address 属性配置运行 MapReduce 任务的 jobHistoryserver 日志相关服务相关配置。

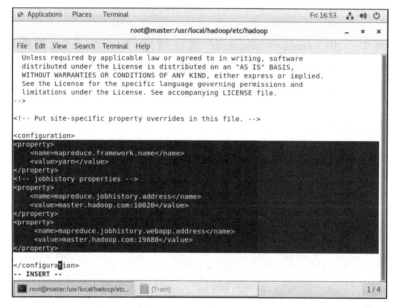

图 2-8　修改 mapred-site.xml 文件

步骤 5：修改 yarn-site.xml 文件。在 master 节点，执行"cd /usr/local/hadoop/etc/hadoop"和"vi yarn-site.xml"命令，如图 2-9 所示，添加如下代码：

```
<configuration>
  <property>
    <name>yarn.resourcemanager.hostname</name>
    <value>master.hadoop.com</value>
  </property>
  <property>
    <name>yarn.resourcemanager.address</name>
    <value>${yarn.resourcemanager.hostname}:8032</value>
```

```xml
  </property>
  <property>
    <name>yarn.resourcemanager.scheduler.address</name>
    <value>${yarn.resourcemanager.hostname}:8030</value>
  </property>
  <property>
    <name>yarn.resourcemanager.webapp.address</name>
    <value>${yarn.resourcemanager.hostname}:8088</value>
  </property>
  <property>
    <name>yarn.resourcemanager.webapp.https.address</name>
    <value>${yarn.resourcemanager.hostname}:8090</value>
  </property>
  <property>
    <name>yarn.resourcemanager.resource-tracker.address</name>
    <value>${yarn.resourcemanager.hostname}:8031</value>
  </property>
  <property>
    <name>yarn.resourcemanager.admin.address</name>
    <value>${yarn.resourcemanager.hostname}:8033</value>
  </property>
  <property>
    <name>yarn.nodemanager.local-dirs</name>
    <value>/data/hadoop/yarn/local</value>
  </property>
  <property>
    <name>yarn.log-aggregation-enable</name>
    <value>true</value>
  </property>
  <property>
    <name>yarn.nodemanager.remote-app-log-dir</name>
    <value>/data/tmp/logs</value>
  </property>
<property>
 <name>yarn.log.server.url</name>
 <value>http://master.hadoop.com:19888/jobhistory/logs/</value>
 <description>URL for job history server</description>
</property>
<property>
    <name>yarn.nodemanager.vmem-check-enabled</name>
    <value>false</value>
  </property>
  <property>
    <name>yarn.nodemanager.aux-services</name>
    <value>mapreduce_shuffle</value>
  </property>
  <property>
    <name>yarn.nodemanager.aux-services.mapreduce.shuffle.class</name>
      <value>org.apache.hadoop.mapred.ShuffleHandler</value>
    </property>
```

```xml
<property>
        <name>yarn.nodemanager.resource.memory-mb</name>
        <value>2048</value>
</property>
<property>
        <name>yarn.scheduler.minimum-allocation-mb</name>
        <value>512</value>
</property>
<property>
        <name>yarn.scheduler.maximum-allocation-mb</name>
        <value>4096</value>
</property>
<property>
        <name>mapreduce.map.memory.mb</name>
        <value>2048</value>
</property>
<property>
        <name>mapreduce.reduce.memory.mb</name>
        <value>2048</value>
</property>
<property>
        <name>yarn.nodemanager.resource.cpu-vcores</name>
        <value>1</value>
</property>
</configuration>
```

上述代码中，yarn.resourcemanager.hostname 属性指定为 master.hadoop.com 主机。

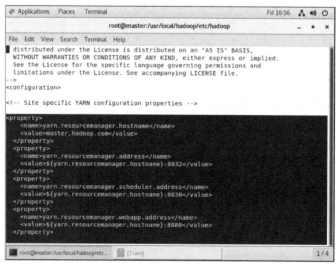

图 2-9　修改 yarn-site.xml 文件

步骤 6：修改 yarn-env.sh 文件。在 master 节点，执行 "cd /usr/local/hadoop/etc/hadoop" 和 "vi yarn-env.sh" 命令，设置 YARN 运行环境 "export JAVA_HOME=/usr/java/jdk1.8.0_281-amd64"，如图 2-10 所示。

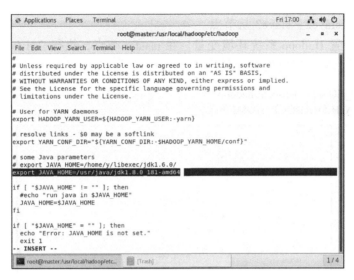

图 2-10 修改 yarn-env.sh 文件

步骤 7：修改 slaves 文件。在 master 节点，执行 "cd /usr/local/hadoop/etc/hadoop" 和 "vi slaves" 命令，打开配置文件，删除原来的 "localhost"，如图 2-11 所示，添加如下代码：

```
slave1.hadoop.com
slave2.hadoop.com
slave3.hadoop.com
```

表示 slave1、slave2、slave3 作为集群的从节点。

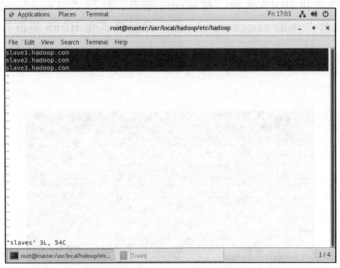

图 2-11 修改 slaves 文件

步骤 8：分发文件到从节点。在 master 节点，分别执行 "scp –r /usr/local/hadoop slave1.hadoop.com:/usr/local"、"scp –r /usr/local/hadoop slave2.hadoop.com: /usr/local" 和 "scp –r /usr/local/hadoop slave3.hadoop.com: /usr/local" 命令，分发 Hadoop 安装文件到

集群中 slave1、slave2、slave3 从节点。

步骤 9：设置 Hadoop 系统环境变量。在 master 节点，执行 "vi /etc/profile" 命令，如图 2-12 所示，文件末尾处添加代码：

export HADOOP_HOME=/usr/local/hadoop
export PATH=$PATH:$HADOOP_HOME/bin

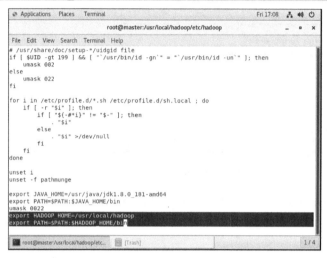

图 2-12　设置 Hadoop 系统环境变量

执行 "source /etc/profile" 命令，使修改配置文件生效。集群中 slave1、slave2、slave3 从节点，操作同上。

步骤 10：格式化 HDFS 集群，在 master 节点，执行 "cd /usr/local/hadoop/bin" 命令切换目录。执行 "./hdfs namenode –format" 命令格式化 HDFS 集群。如图 2-13 所示。

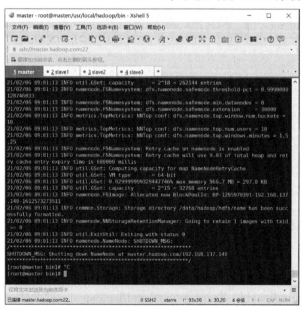

图 2-13　格式化 HDFS 集群

2. 管理 Hadoop

步骤 1：启动 Hadoop 集群。在 master 节点，执行"cd /usr/local/hadoop/sbin"命令切换目录。

启动 HDFS 集群。执行"./start-dfs.sh"命令，如图 2-14 所示。

图 2-14　HDFS 集群启动信息

执行"jps"命令，查看 HDFS 集群 namenode、secondarynamenode、datanode 进程信息开启结果，分别如下：

```
master.hadoop.com: starting namenode
slave1.hadoop.com: starting datanode
slave2.hadoop.com: starting datanode
slave3.hadoop.com: starting datanode
slave1.hadoop.com: starting secondarynamenode
```

启动 YARN 集群。执行"./start-yarn.sh"命令，如图 2-15 所示。

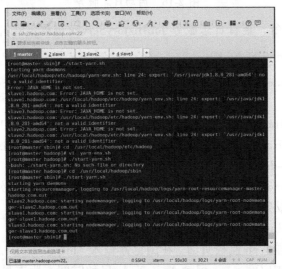

图 2-15　YARN 集群启动信息

执行"jps"命令，查看 YARN 集群 resourcemanager、nodemanager 进程信息开启结果，分别如下：

```
master.hadoop.com: starting resourcemanager
slave1.hadoop.com: starting nodemanager
slave2.hadoop.com: starting nodemanager
slave3.hadoop.com: starting nodemanager
```

启动日志服务。执行"./mr-jobhistory-daemon.sh start historyserver"命令，如图 2-16 所示。

图 2-16　启动日志服务

执行"jps"命令，查看日志服务 JobHistoryServer 进程信息开启结果，如下：

```
master.hadoop.com: starting historyserver
```

一次性启动 Hadoop 集群：执行"./ start-all.sh"命令，可一次性启动 HDFS 集群和 YARN 集群。

步骤 2：关闭 Hadoop 集群。在 master 节点，执行"cd /usr/local/hadoop/sbin"命令切换目录。关闭 Hadoop 集群正确顺序分别是执行"./stop-yarn.sh"、"./stop-dfs.sh"和"./mr-jobhistory-daemon.sh stop historyserver"命令。

一次性关闭 Hadoop 集群：执行"./ stop-all.sh"命令，可一次性关闭 HDFS 集群、YARN 集群和日志服务。

步骤 3：查看 Hadoop 集群 Web 监控页面。

查看 HDFS 集群 Web 监控页面。在浏览器输入"http://master.hadoop.com:50070"，如图 2-17 所示。图中 Overview 记录 NameNode 启动时间、版本号、编译版本等信息；

Summary 提供当前集群环境的基本信息，例如硬盘大小以及多少被 HDFS 使用等；NameNode Storage 提供 NameNode 信息。

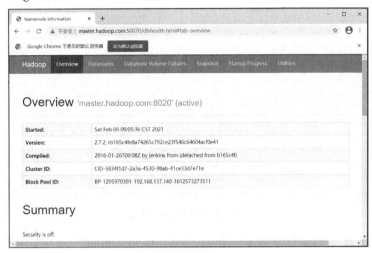

图 2-17　HDFS 集群 Web 监控页面

查看 YARN 集群 Web 监控页面。在浏览器输入"http://master.hadoop.com:8088"，如图 2-18 所示，从图中界面可以看到 YARN 的 ResourceManager 的运行状态。

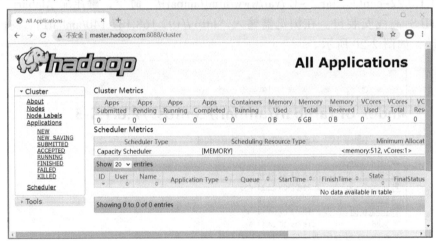

图 2-18　YARN 集群 Web 监控页面

2.4.2　Ambari 自动化搭建方式

1. 安装 Ambari

步骤 1：安装 HTTP 服务器。在 master 节点，执行"yum –y install httpd"命令，安装 httpd 服务器。执行"systemctl start httpd"和"systemctl enable httpd"命令，开启 httpd 服务器并设置 httpd 服务器开机自启。在浏览器输入"http://192.168.137.140"，查看服务是否启动，如图 2-19 所示，显示为启动 FTP 后的默认页面。

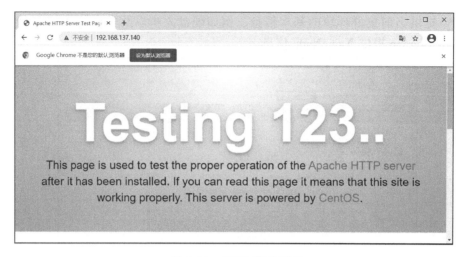

图 2-19　HTTP 服务页面

步骤 2：配置本地源目录展示。执行"cd /var/www/html/"命令，切换目录。执行"mkdir /var/www/html/ambari"命令，创建 ambari、HDP-UTILS 目录，用来存放安装文件。执行"cd ambari"、"tar -zxvf ambari-2.6.1.5-centos7.tar -C /var/www/html/ambari/"、"tar -zxvf HDP-2.6.4.0-centos7-rpm.tar -C /var/www/html/ambari/"和"tar -zxvf HDP-UTILS-1.1.0.22-centos7.tar -C /var/www/html/ambari/"命令，解压缩 Ambari、HDP、HDP-UTILS 离线安装包。在浏览器输入"http://192.168.137.140/ambari"，查看服务是否启动，如图 2-20 所示。

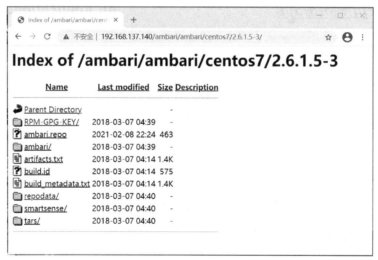

图 2-20　本地源目录展示

步骤 3：制作本地源。执行"cd /var/www/html/ambari"命令。执行"yum install yum-utils createrepo yum-plugin-priorities -y"命令，安装本地源制作相关工具，并执行"createrepo ./"命令。

修改 Ambari 源地址。执行"vim ambari/centos7/2.6.1.5-3/ambari.repo"命令，修改代码：

```
#VERSION_NUMBER=2.6.1.5-3
[ambari-2.6.1.5]
name=ambari Version - ambari-2.6.1.5
#baseurl=http://public-repo-1.hortonworks.com/ambari/centos7/2.x/updates/2.6.1.5
baseurl=http://192.168.137.140/ambari/ambari/centos7/2.6.1.5-3
gpgcheck=1
#gpgkey=http://public-repo-1.hortonworks.com/ambari/centos7/2.x/updates/2.6.1.5/RPM-GPG-KEY/RPM-GPG-KEY-Jenkins
gpgkey=http://192.168.137.140/ambari/ambari/centos7/2.6.1.5-3/RPM-GPG-KEY/RPM-GPG-KEY-Jenkins
enabled=1
priority=1
```

执行"cp ambari/centos7/2.6.1.5-3/ambari.repo /etc/yum.repos.d/"命令,复制文件到本地设备。

修改 HDP 源地址。执行"vim HDP/centos7/2.6.4.0-91/hdp.repo"命令,修改代码:

```
#VERSION_NUMBER=2.6.4.0-91
[HDP-2.6.4.0]
name=HDP Version - HDP-2.6.4.0
#baseurl=http://public-repo-1.hortonworks.com/HDP/centos7/2.x/updates/2.6.4.0
baseurl=http://192.168.137.140/ambari/HDP/centos7/2.6.4.0-91
gpgcheck=1
#gpgkey=http://public-repo-1.hortonworks.com/HDP/centos7/2.x/updates/2.6.4.0/RPM-GPG-KEY/RPM-GPG-KEY-Jenkins
gpgkey=http://192.168.137.140/ambari/HDP/centos7/2.6.4.0-91/RPM-GPG-KEY/RPM-GPG-KEY-Jenkins
enabled=1
priority=1
[HDP-UTILS-1.1.0.22]
name=HDP-UTILS Version - HDP-UTILS-1.1.0.22
#baseurl=http://public-repo-1.hortonworks.com/HDP-UTILS-1.1.0.22/repos/centos7
baseurl=http://192.168.137.140/ambari/HDP-UTILS/centos7/1.1.0.22
gpgcheck=1
#gpgkey=http://public-repo-1.hortonworks.com/HDP/centos7/2.x/updates/2.6.4.0/RPM-GPG-KEY/RPM-GPG-KEY-Jenkins
gpgkey=http://192.168.137.140/ambari/HDP-UTILS/centos7/1.1.0.22/RPM-GPG-KEY/RPM-GPG-KEY-Jenkins
enabled=1
priority=1
```

执行"cp HDP/centos7/2.6.3.0-235/hdp.repo /etc/yum.repos.d/"命令,复制文件到本地设备。

清理缓存。执行"yum clean all"、"yum makecache"和"yum repolist"命令,清理本地 Yum 源缓存。

分发本地 Yum 源到 slave1、slave2、slave3 从节点。在 master 节点,执行"cd /etc/yum.repos.d"命令,切换目录。执行"scp ambari.repo slave1.hadoop.com:/etc/ yum.repos.d/ambari.repo"、"scp ambari.repo slave2.hadoop.com:/etc/yum.repos.d/ambari.repo"和"scp ambari.repo slave3.hadoop.com:/etc/yum.repos.d/ambari.repo"命令，分发 ambari.repo 到各从节点。执行"scp hdp.repo slave1.hadoop.com:/etc/yum.repos.d/ hdp.repo"、"scp hdp.repo slave2. hadoop.com:/etc/yum.repos.d/ hdp.repo"和"scp hdp.repo slave3.hadoop.com:/etc/yum.repos.d/ hdp.repo"命令，分发 ambari.repo 到各从节点。

步骤 4：安装 Ambari 服务器。在 master 节点，执行"yum -y install ambari-server"命令，安装 ambari-server。执行"ambari-server setup"命令，设置 ambari-server 服务器相关参数。执行"ambari-server start"命令，启动 Ambari-server 服务器。执行"systemctl status ambari-server"命令，可查看 Ambari 服务状态。执行"ambari-server stop"命令，可关闭 Ambari 服务。Ambari 服务器启动状态如图 2-21 所示。

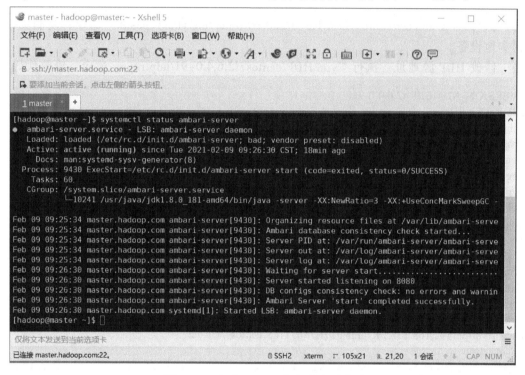

图 2-21　查看 Ambari 服务器启动状态

步骤 5：安装 Ambari 代理。在 master、slave1、slave2、slave3 节点，执行"yum install ambari-agent"命令，安装 ambari-agent。执行"vi /etc/ambari-agent/conf/ambari-agent.ini"命令，设置选项为"hostname=master.hadoop.com"。执行"ambari-agent restart"命令，启动 ambari-agent。执行"systemctl status ambari-agent"命令，查看 ambari-agent。

2. 部署 Hadoop

步骤 1：登录 ambari-server。在浏览器页面输入"http://192.168.137.140:8080/"，在"用户名"文本框中输入"admin"，在"密码"文本框中输入"admin"。接下来就可以启动安装向导、创建集群和安装服务。Ambari 安装向导如图 2-22 所示。

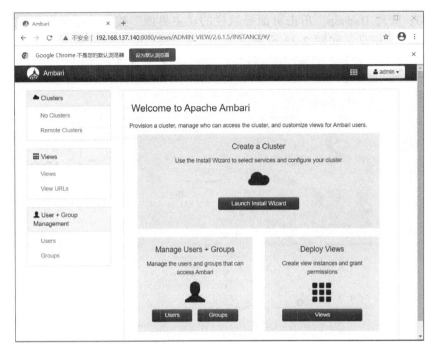

图 2-22　Ambari 安装向导

步骤 2：部署 Hadoop。在"选择安装栈"时指定安装源 HDP 和 HDP-UTILS 的位置。指定相应的目标主机并选择手动注册主机，选择所需要安装的服务，可根据需要选择安装 HDFS、YARN+MapReduce2、Zookeeper、Ambari Metrics、Hive、HBase、Mahout、Sqoop、Spark 等服务。部署 Hadoop 服务页面如图 2-23 所示。

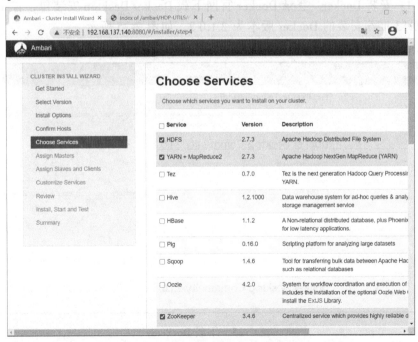

图 2-23　部署 Hadoop 服务页面

步骤 3：管理 Hadoop。单击页面导航栏的"主界面"按钮，在主界面中可以查看集群状态和监控信息，如图 2-24 所示。

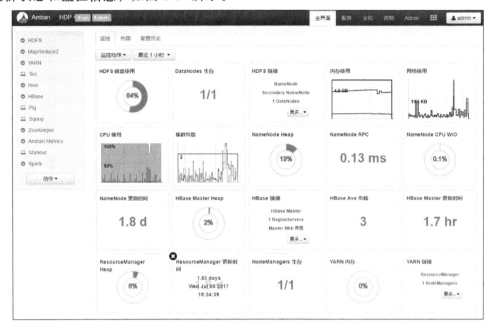

图 2-24　Ambari 管理平台主界面

2.4.3　使用 Docker 搭建 Hadoop 分布式集群

1. 安装 Docker

步骤 1：安装 Docker。登录 Docker 官网下载 Docker Desktop 安装包，若 MacOS 版本低于 10.13 推荐安装的 Docker 版本为 2.1.0.2，如图 2-25 所示。

下载地址：https://docs.docker.com/docker-for-mac/release-notes/。

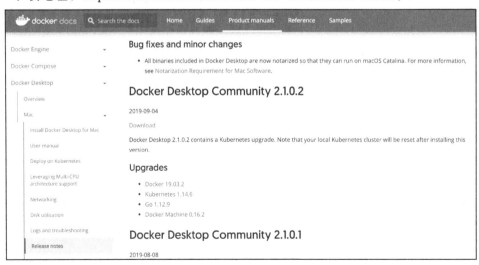

图 2-25　下载 Docker

步骤 2：Docker 国内镜像源配置。拉取镜像时如果使用国外的镜像源，下载速度会很慢，建议配置为国内镜像源。要配置 Docker 国内镜像源，首先要进入 Docker Desktop 的 Preferences 菜单，然后单击 Daemon，在 Registry mirrors 添加国内镜像源，比如网易镜像源，添加完成之后单击 Apply & Restart 重启 Docker Desktop。单击 Docker Desktop 图标后，进入 Preferences 菜单，如图 2-26 所示。

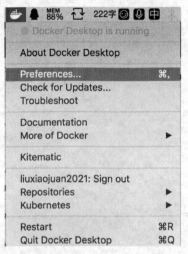

图 2-26　Preferences 菜单

在弹出的对话框中，添加添加网易镜像源，如图 2-27 所示。

图 2-27　添加网易镜像源

2. 部署 Hadoop

步骤 1：拉取 Hadoop 镜像。镜像是 Docker 的核心，可以通过从远程拉取镜像配置所需要的环境，这次需要的是 Hadoop 集群的镜像。可以使用 kiwenlau/hadoop:1.0 这个镜像，如图 2-28 所示。

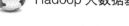

图 2-28　拉取镜像

步骤 2：创建网桥。由于 Hadoop 的 master 节点为了与 slave 节点通信需要在各个节点配置节点 IP，为了不用每次启动都因为 IP 改变而重新配置，可以配置一个 Hadoop 专用的网桥，配置之后各个容器的 IP 地址就能固定下来。创建命令如下：

$ docker network create –driver=bridge hadoop

能够查询到刚刚创建的 Hadoop 专用的网桥说明创建成功：

$ docker network ls | grep hadoop
Edb2e76cda6a hadoop bridge local

步骤 3：容器创建。如图 2-29 所示，通过脚本进行容器创建后，进入容器终端。

步骤 4：在容器中安装 vim 并配置软件源。进入容器终端后，执行 "apt-get update" 命令更新软件源。然后执行 "apt-get install vim" 命令安装 vim 工具，完成之后执行 "cp /etc/apt/sources.list /etc/apt/sources.list.copy" 命令将原有的 /etc/apt/sources.list 文件做一个备份，再将国内源配置到 sources.list 文件中，最后更新软件源，如图 2-30 所示。

```bash
#!/bin/bash
# the default node number is 3
N=${1:-3}

# start hadoop master container
sudo docker rm -f hadoop-master &> /dev/null
echo "start hadoop-master container..."
sudo docker run -itd \
                --net=hadoop \
                -p 50070:50070 \
                -p 8088:8088 \
                -p 9000:9000 \
                --name hadoop-master \
                --hostname hadoop-master \
                kiwenlau/hadoop:1.0 &> /dev/null

# start hadoop slave container
i=1
while [ $i -lt $N ]
do
    sudo docker rm -f hadoop-slave$i &> /dev/null
    echo "start hadoop-slave$i container..."
    sudo docker run -itd \
                    --net=hadoop \
                    --name hadoop-slave$i \
                    --hostname hadoop-slave$i \
                    kiwenlau/hadoop:1.0 &> /dev/null
    i=$(( $i + 1 ))
done

# get into hadoop master container
sudo docker exec -it hadoop-master bash
```

图 2-29　创建容器脚本

```
deb http://mirrors.aliyun.com/ubuntu/ bionic main restricted universe multiverse
deb http://mirrors.aliyun.com/ubuntu/ bionic-security main restricted universe multiverse
deb http://mirrors.aliyun.com/ubuntu/ bionic-updates main restricted universe multiverse
deb http://mirrors.aliyun.com/ubuntu/ bionic-proposed main restricted universe multiverse
deb http://mirrors.aliyun.com/ubuntu/ bionic-backports main restricted universe multiverse
deb-src http://mirrors.aliyun.com/ubuntu/ bionic main restricted universe multiverse
deb-src http://mirrors.aliyun.com/ubuntu/ bionic-security main restricted universe multiverse
deb-src http://mirrors.aliyun.com/ubuntu/ bionic-updates main restricted universe multiverse
deb-src http://mirrors.aliyun.com/ubuntu/ bionic-proposed main restricted universe multiverse
deb-src http://mirrors.aliyun.com/ubuntu/ bionic-backports main restricted universe multiverse
```

图 2-30　将以上内容替换原有 sources.list 文件内容

步骤 5：启动 Hadoop。在前一个步骤已经进入了 Hadoop 容器的终端（master 节点），因为是已经配置好的 Hadoop 容器，所以可以直接启动 Hadoop，在容器的根目录下有一个启动 Hadoop 的脚本，内容如图 2-31 所示。

```bash
#!/bin/bash

echo -e "\n"

$HADOOP_HOME/sbin/start-dfs.sh

echo -e "\n"

$HADOOP_HOME/sbin/start-yarn.sh

echo -e "\n"
```

图 2-31　启动 Hadoop 脚本

出现图 2-32 所示信息说明 Hadoop 启动成功。

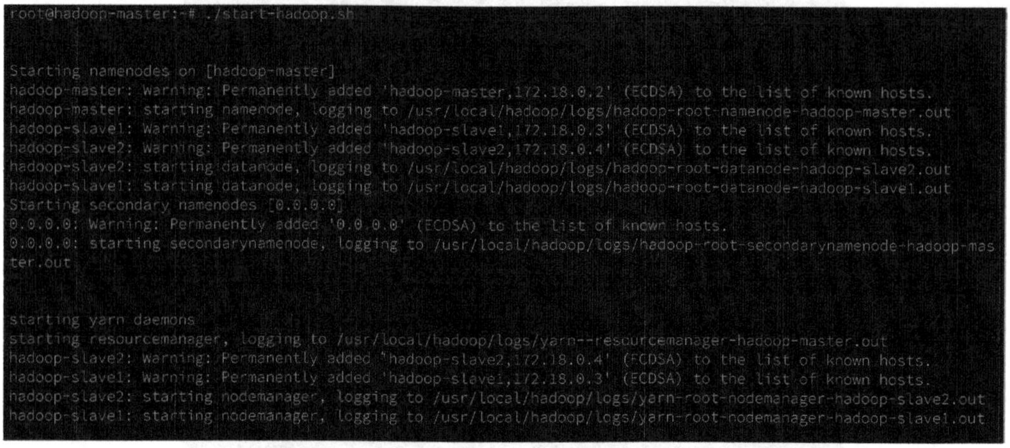

图 2-32 Hadoop 启动成功

通过本地 8088 端口访问 Web 管理页面，如图 2-33 所示。

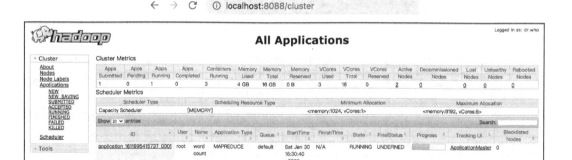

图 2-33 Hadoop Web 管理页面

实训 3

HDFS 操作方法和基础编程

作为 Hadoop 的核心组件之一，HDFS（Hadoop Distributed File System）已经成为当前分布式存储的事实标准。HDFS 采用 Master/Slave（主/从）架构，主服务器运行 Master 进程 NameNode，从服务器 Slave 进程 DataNode。本实训介绍 HDFS 的 shell 命令以及如何使用 Java 操作 HDFS 组件完成对文件系统的操作。

3.1 实训目的

- ◆ 了解 HDFS 体系架构。
- ◆ 熟悉 master/slave 架构。
- ◆ 了解 HDFS 运行原理。

3.2 实训要求

本次实训完成后，要求学生能够：
- ◆ 学会使用 HDFS Shell 实现 HDFS 文件基本操作。
- ◆ 学会使用 Java API 实现 HDFS 文件基本操作。

3.3 实训原理

安装好 Hadoop 环境之后，可以执行 "hdfs shell" 命令对 HDFS 的空间进行操作。通过命令行和 HDFS 打交道，可以进一步增加对 HDFS 的认识。HDFS 命令行接口是一种最直接且比较简单的方式。

3.3.1 HDFS

HDFS 为大数据平台其他所有组件提供了最基本的存储功能，采用典型的主/从体系结构。HDFS 集群拥有一个 NameNode 和一些 DataNode，NameNode 管理文件系统的元数据，DataNode 存储实际的数据。HDFS 开放文件系统的命名空间以便用户以文件形式存储数据，客户端通过 NameNode 和 DataNode 的交互访问文件系统，联系 NameNode 以获取文件的元数据，而真正的文件 I/O 操作是直接和 DataNode 进行交互的。HDFS 架构如图 3-1 所示。

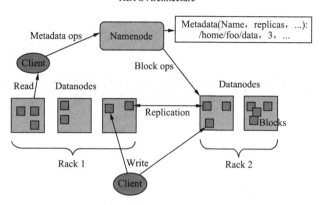

图 3-1 HDFS 架构

3.3.2 HDFS Shell

HDFS 为用户提供了 Shell 操作命令来管理 HDFS。这些 Shell 命令和 Linux 命令类似，方便用户更快速地对 HDFS 数据进行操作。基本命令格式如下：

/bin/hdfs dfs -cmd \<args\>

其中，cmd 是具体的命令，cmd 前面的"-"不能省略，常用参数说明如下：

① -ls \<path\>。显示\<path\>指定的文件的详细信息。如果需要把当前目录下的文件有回溯性的列举出来，则使用-ls -R \<path\>。

② -cat \<path\>。将\<path\>指定的文件的内容输出到标准输出（stdout）。

③ -chgrp [-R]group \<path\>。将\<path\>指定的文件所属的组改为 group，使用-R 对\<path\>指定的文件夹内的文件进行递归操作。这个命令只适用于超级用户。

④ -chown [-R][owner][：[group]]\<path\>。改变\<path\>指定的文件的拥有者，-R 用于递归改变文件夹内的文件的拥有者。这个命令只适用于超级用户。

⑤ -chmod [-R]\<mode\>\<path\>。将\<path\>指定的文件的权限更改为\<mode\>。这个命令只适用于超级用户和文件的所有者。其中-R 表示对目前目录下的所有文件与子目录进行相同的权限变更（即以递归的方式逐个变更）。

⑥ -tail [-f]\<path\>。将\<path\>指定的文件最后 1 KB 的内容输出到标准输出（stdout），-f 选项用于持续检测新添加到文件中的内容。

⑦ -stat [format]\<path\>。以指定的格式返回\<path\>指定的文件的相关信息。当不指定 format 的时候，返回文件\<path\>的创建日期。

⑧ -touchz \<path\>。创建一个\<path\>指定的空文件。

⑨ -mkdir [-p]\<paths\>。创建\<paths\>指定的一个或多个文件夹，-p 选项用于递归创建子文件夹。

⑩ -copyFromLocal \<localsrc\>\<dst\>。将本地源文件\<localsrc\>复制到路径\<dst\>指定的文件或文件夹中。

⑪ -copyToLocal [-ignorecrc][-crc]\<target\>\<localdst\>。将目标文件\<target\>复制到本地文件或文件夹\<localdst\>中，可用-ignorecrc 选项复制 CRC 校验失败的文件，使用-crc

选项复制文件以及 CRC 信息。

3.3.3 HDFS Java API

HDFS 不仅提供了 HDFS Shell 方式来访问 HDFS 上的数据，还提供了 Java API 方式来操作 HDFS 上的数据。

HDFS 编程的主要 Java API 如下：

（1）org.apache.hadoop.fs.FileSystem

FileSystem 类的对象是一个文件系统对象，可以用该对象的一些方法来对文件进行操作，可以被分布式文件系统继承。所有可能使用 Hadoop 文件系统的代码都要使用到这个类。Hadoop 为 FileSystem 这个抽象类提供了多种具体的实现，如 LocalFileSystem、DistributedFileSystem、HftpFileSystem、HsftpFileSystem、HarFileSystem、KosmosFileSystem、FtpFileSystem、NativeS3FileSystem 等。

FileSystem 是一个通用的文件系统 API，使用它的第一步是获取它的一个实例。获取 FileSystem 实例的常用静态方法：

```
public static FileSystem get(Configuration conf) throws IOException
public static FileSystem get(URI uri, Configuration conf) throws IOException
public static FileSystem get(URI uri, Configuration conf, String user) throws IOException
```

构造 FileSystem 的一般基本步骤如下：

```
Configuration conf = new Configuration();
conf.set("fs.defaultFS","hdfs://master.hadoop.com:8020")
FileSystem fs = FileSystem.get(conf);
```

（2）org.apache.hadoop.fs.FileStatus

FileStatus 是一个接口，用于向客户端展示系统中文件和目录的元数据，具体包括文件大小、块大小、副本信息、所有者、修改时间等，可通过 FileSystem.listStatus() 方法获得具体的实例对象。

（3）org.apache.hadoop.fs.FSDataInputStream

文件输入流，用于读取 Hadoop 文件。

（4）org.apache.hadoop.fs.FSDataOutputStream

文件输出流，用于写 Hadoop 文件。

（5）org.apache.hadoop.conf.Configuration

访问配置项。所有的配置项的值，如果在 core-site.xml 中有对应的配置，则以 core-site.xml 为准。

（6）org.apache.hadoop.fs.Path

用于表示 Hadoop 文件系统中的一个文件或者一个目录的路径。

（7）org.apache.hadoop.fs.PathFilter

一个接口，通过实现方法 PathFilter.accept(Path path) 来判定是否接收路径 path 表示的文件或目录。

3.3.4 HDFS 运行原理

1．读执行流程

客户端连续调用 open()、read()、close()读取数据完成读数据的过程，如图 3-2 所示。

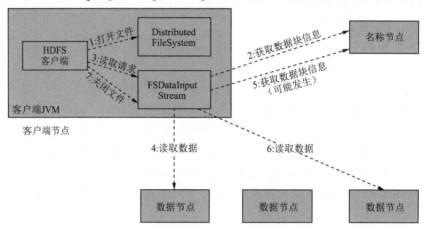

图 3-2　HDFS 读数据的过程

① 客户端通过 FileSystem.open()打开文件，相应地，在 HDFS 文件系统中 DistributedFileSystem 具体实现了 FileSystem。因此，调用 open()方法后，DistributedFileSystem 会创建输入流 FSDataInputStream，对于 HDFS 而言，具体的输入流就是 DFSInputStream。

② 在 DFSInputStream 的构造函数中,输入流通过 ClientProtocal.getBlockLocations() 远程调用名称节点，获得文件开始部分数据块的保存位置。对于该数据块，名称节点返回保存该数据块的所有数据节点的地址，同时根据距离客户端的远近对数据节点进行排序；然后，DistributedFileSystem 会利用 DFSInputStream 来实例化 FSDataInput-Stream，返回给客户端，同时返回数据块的数据节点地址。

③ 获得输入流 FSDataInputStream 后，客户端调用 read()函数读取数据。输入流根据前面的排序结果，选择距离客户端最近的数据节点建立连接并读取数据。

④ 数据从该数据节点读到客户端；当该数据块读取完毕时，FSDataInputStream 关闭和该数据节点的连接。

⑤ 输入流通过 getBlockLocations()方法查找下一个数据块（如果客户端缓存中已经包含该数据块的位置信息，就不需要调用该方法）。

⑥ 找到该数据块的最佳数据节点，读取数据。

⑦ 当客户端读取完毕数据的时候，调用 FSDataInputStream 的 close()函数，关闭输入流。

需要注意的是，在读取数据的过程中，如果客户端与数据节点通信时出现错误，就会尝试连接包含此数据块的下一个数据节点。

2．写执行流程

客户端连续调用 create()、write()和 close()完成写数据的过程，如图 3-3 所示。

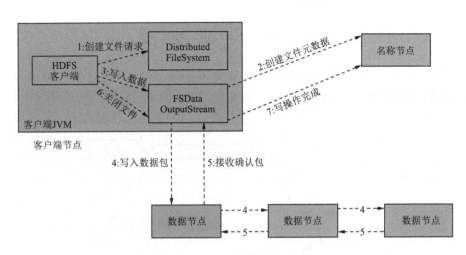

图 3-3 HDFS 写数据的过程

① 客户端通过 FileSystem.create()创建文件,相应地,在 HDFS 文件系统中 DistributedFileSystem 具体实现了 FileSystem。因此,调用 create()方法后,DistributedFileSystem 会创建输出流 FSDataOutputStream,对于 HDFS 而言,具体的输出流就是 DFSOutputStream。

② DistributedFileSystem 通过 RPC 远程调用名称节点,在文件系统的命名空间中创建一个新的文件。名称节点会执行一些检查,比如文件是否已经存在、客户端是否有权限创建文件等。检查通过之后,名称节点会构造一个新文件,并添加文件信息。远程方法调用结束后,DistributedFileSystem 会利用 DFSOutputStream 来实例化 FSDataOutputStream,返回给客户端,客户端使用这个输出流写入数据。

③ 获得输出流 FSDataOutputStream 以后,客户端调用输出流的 write()方法向 HDFS 中对应的文件写入数据。

④ 客户端向输出流 FSDataOutputStream 中写入的数据会首先被分成一个个的分包,这些分包被放入 DFSOutputStream 对象的内部队列。输出流 FSDataOutputStream 会向名称节点申请保存文件和副本数据块的若干个数据节点,这些数据节点形成一个数据流管道。队列中的分包最后被打包成数据包,发往数据流管道中的第一个数据节点,第一个数据节点将数据包发送给第二个数据节点,第二个数据节点将数据包发送给第三个数据节点,这样,数据包会流经管道上的各个数据节点。

⑤ 因为各个数据节点位于不同的机器上,数据需要通过网络发送。因此,为了保证所有数据节点的数据都是准确的,接收到数据的数据节点要向发送者发送"确认包"(ACK Packet)。确认包沿着数据流管道逆流而上,从数据流管道依次经过各个数据节点并最终发往客户端,当客户端收到应答时,它将对应的分包从内部队列移除。不断执行③~⑤步,直到数据全部写完。

⑥ 客户端调用 close()方法关闭输出流,此时开始,客户端不会再向输出流中写入数据,所以,当 DFSOutputStream 对象内部队列中的分包都收到应答以后,就可以使用 ClientProtocol.complete()方法通知名称节点关闭文件,完成一次正常的写文件过程。

3.4 实训步骤

完成本实训,要求计算机的操作系统为 Windows 7 以上版本,内存 8 GB 以上。本实训的知识导图如图 3-4 所示。

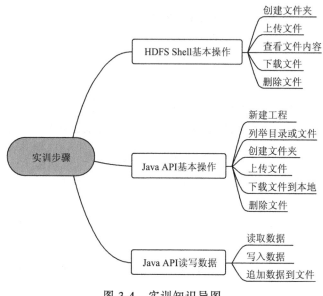

图 3-4 实训知识导图

3.4.1 HDFS Shell 基本操作

步骤 1:创建文件夹。启动 Hadoop 后,在 master 节点,执行 "hdfs dfs –ls /" 命令,查看 HDFS 根目录下文件。执行 "hdfs dfs –mkdir /HDFSTEST" 命令,在根目录下创建 HDFSTEST 目录,如图 3-5 所示。

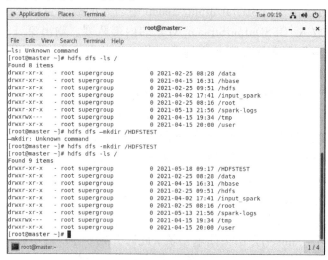

图 3-5 新建 HDFSTEST 目录

步骤 2:上传文件。执行 "hdfs dfs –put /root/words.txt /HDFSTEST" 或 "hdfs dfs

−copyFromLocal /root/words.txt /HDFSTEST"或 hdfs dfs −moveFromLocal /root/words.txt /HDFSTEST"命令，将本地 Linux 文件系统目录/root 下的 words.txt 文件上传到创建的 HDFSTEST 目录下，如图 3-6 所示。

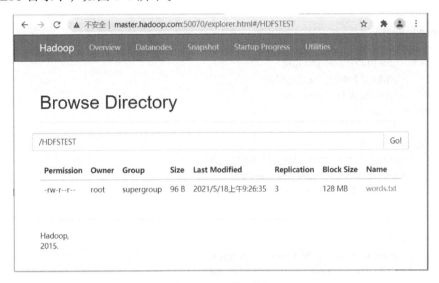

图 3-6　上传文件

步骤 3：查看文件内容。执行"hdfs dfs −text /HDFSTEST/words.txt"或"hdfs dfs −cat /HDFSTEST/words.txt"命令，查看上传的 words.txt 文件内容。

步骤 4：下载文件。执行"hdfs dfs −get /HDFSTEST/words.txt /root/test.txt"命令，将 HDFSTEST 目录下 words.txt 文件下载到本地用户目录下并另存为 text.txt。

步骤 5：删除文件。执行"hdfs dfs −du /HDFSTEST/words.txt"命令，查看创建的 HDFSTEST 目录下各个文件的大小。执行"hdfs dfs −rmr /HDFSTEST/words.txt"或"hdfs dfs −rm /HDFSTEST/words.txt"命令，删除上传的 HDFSTEST 目录下 words.txt 文件。

3.4.2　Java API 基本操作

步骤 1：新建工程。在 IDEA 中创建 Java 项目"hdfs"，添加 Maven 项目"FileTest"。

配置 Maven 依赖包 pom.xml 文件如下：

```
<?xml version="1.0" encoding="UTF-8"?>
<project xmlns="http://maven.apache.org/POM/4.0.0"
    xmlns:xsi="http://www.w3.org/2001/XMLSchema-instance"
    xsi:schemaLocation="http://maven.apache.org/POM/4.0.0
http://maven.apache.org/xsd/maven-4.0.0.xsd">
    <modelVersion>4.0.0</modelVersion>

    <groupId>gzgs</groupId>
    <artifactId>FileTest</artifactId>
    <version>1.0-SNAPSHOT</version>

    <properties>
        <project.build.sourceEncoding>UTF-8</project.build.sourceEncoding
```

```xml
        <maven.compiler.source>1.8</maven.compiler.source>
        <maven.compiler.target>1.8</maven.compiler.target>
        <hadoop.version>2.7.2</hadoop.version>
    </properties>

    <dependencies>
        <dependency>
            <groupId>junit</groupId>
            <artifactId>junit</artifactId>
            <version>4.11</version>
        </dependency>

        <dependency>
            <groupId>org.apache.logging.log4j</groupId>
            <artifactId>log4j-core</artifactId>
            <version>2.8.2</version>
        </dependency>

        <dependency>
            <groupId>org.apache.hadoop</groupId>
            <artifactId>hadoop-common</artifactId>
            <version>${hadoop.version}</version>
        </dependency>

        <dependency>
            <groupId>org.apache.hadoop</groupId>
            <artifactId>hadoop-hdfs</artifactId>
            <version>${hadoop.version}</version>
        </dependency>

        <dependency>
            <groupId>org.apache.hadoop</groupId>
            <artifactId>hadoop-client</artifactId>
            <version>${hadoop.version}</version>
        </dependency>
    </dependencies>
</project>
```

光标定位到 hdfs02 模块名称目录下的 src/main/java 文件夹上，右击并在弹出的快捷菜单中选择"New"→"Package"命令，创建一个新包，名称为"hdfsapi"，如图 3-7 所示。

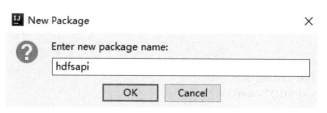

图 3-7 创建包 "hdfsapi"

步骤2：列举目录或文件。光标定位在 hdfsapi 包上，右击并在弹出的快捷菜单中选择"new"→"Java Class"命令，新建一个类，名称为"ListDir"，该类的具体实现代码如下：

```java
package hdfsapi;
import org.apache.hadoop.conf.Configuration;
import org.apache.hadoop.fs.FileStatus;
import org.apache.hadoop.fs.FileSystem;
import org.apache.hadoop.fs.Path;
import java.io.IOException;
public class ListDir  {
    public static void main(String[] args) throws IOException {
        //获取配置
        Configuration conf = new Configuration();
        conf.set("fs.defaultFS", "hdfs://master.hadoop.com:8020");
        //获取文件系统
        FileSystem fs = FileSystem.get(conf);
        //声明文件路径
        Path path =new Path("/HDFSTEST");
        //获取文件列表
        FileStatus[] fileStatuses=fs.listStatus(path);
        //遍历文件列表
        for(FileStatus file:fileStatuses) {
            //判断是否是文件
            if (file.isDirectory()) {
                System.out.println("该目录下文件夹显示如下:" + file.getPath().toString());
            }
            //判断是否是文件
            if (file.isFile()) {
                System.out.println("该目录下文件显示如下:" + file.getPath().toString());
            }
        }
        fs.close();
    }
}
```

程序运行结果如图 3-8 所示。

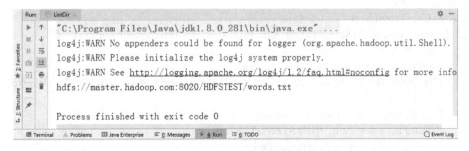

图 3-8　运行结果

步骤3：创建文件夹。光标定位在 hdfsapi 包上，右击并在弹出的快捷菜单中选择"new"→"Java Class"命令，新建一个类"CreateDir"，该类的具体实现代码如下：

```
package hdfsapi;
import org.apache.hadoop.conf.Configuration;
import org.apache.hadoop.fs.FileSystem;
import org.apache.hadoop.fs.Path;
import java.io.IOException;
import java.net.URI;
public class CreateDir {
    public static void main(String[] args) throws IOException, InterruptedException    {
        //获取配置
        Configuration conf = new Configuration();
        FileSystem fs = FileSystem.get(URI.create("hdfs://master.hadoop.com:8020"), conf, "root");
        //声明文件路径
        Path path =new Path("/HDFSTEST/TEST001");
        fs.mkdirs(path);
        fs.close();
    }
}
```

程序运行结果如图 3-9 所示。

图 3-9 类"CreateDir"运行结果

步骤 4：上传文件。光标定位在 hdfsapi 包上，右击并在弹出的快捷菜单中选择"new"→"Java Class"命令，新建一个类，名称为"CopyFromLocal"，该类的具体实现代码如下：

```
package hdfsapi;
import org.apache.hadoop.conf.Configuration;
import org.apache.hadoop.fs.FileSystem;
import org.apache.hadoop.fs.Path;
import java.io.IOException;
import java.net.URI;
public class CopyFromLocal {
    public static void main(String[] args) throws IOException, InterruptedException    {
        //获取配置
        Configuration conf = new Configuration();
        FileSystem fs = FileSystem.get(URI.create("hdfs://master.hadoop.com:8020"), conf, "root");
        //声明文件路径
        Path fromPath =new Path("C:/words.txt");
        Path toPath =new Path("/HDFSTEST/TEST001");
        fs.copyFromLocalFile(fromPath,toPath);
        fs.close();
    }
}
```

步骤5：下载文件到本地。光标定位在 hdfsapi 包上，右击并在弹出的快捷菜单中选择"new"→"Java Class"命令，新建一个类，名称为"CopyToLocal"，该类的具体实现代码如下：

```java
package hdfsapi;
import org.apache.hadoop.conf.Configuration;
import org.apache.hadoop.fs.FileSystem;
import org.apache.hadoop.fs.Path;
import java.io.IOException;
import java.net.URI;
public class CopyToLocal {
    public static void main(String[] args) throws IOException, InterruptedException   {
        //获取配置
        Configuration conf = new Configuration();
        FileSystem fs = FileSystem.get(URI.create("hdfs://master.hadoop.com:8020"), conf, "root");
        //声明文件路径
        Path fromPath =new Path("/HDFSTEST/words.txt");
        Path toPath =new Path("C:/");
        fs.copyToLocalFile(false,fromPath,toPath,true);
        fs.close();
    }
}
```

步骤6：删除文件。光标定位在 hdfsapi 包上，右击并在弹出的快捷菜单中选择"new"→"Java Class"命令，新建一个类，名称为"DelFile"，该类的具体实现代码如下：

```java
package hdfsapi;
import org.apache.hadoop.conf.Configuration;
import org.apache.hadoop.fs.FileSystem;
import org.apache.hadoop.fs.Path;
import java.io.IOException;
import java.net.URI;

public class DelFile {
    public static void main(String[] args) throws IOException , InterruptedException {
        //获取配置
        Configuration conf = new Configuration();
        FileSystem fs = FileSystem.get(URI.create("hdfs://master.hadoop.com:8020"), conf, "root");

        //声明文件路径
        Path path = new Path("/HDFSTEST/TEST001/words.txt");
        //delete(Path f,boolean recursive),recursive: 如果路径是一个目录并且不为空，recursive 设
置为 true，则该目录将被删除，否则会引发异常。在是文件的情况下，recursive 可以设置为 true
或 false
        fs.delete(path, true);
        fs.close();

    }
}
```

3.4.3 Java API 读写数据

步骤 1：读取数据。光标定位在 hdfsapi 包上，右击并在弹出的快捷菜单中选择"new"→"Java Class"命令，新建一个类，名称为"ReadFile"，该类的具体实现代码如下：

```java
package hdfsapi;
import org.apache.hadoop.conf.Configuration;
import org.apache.hadoop.fs.FSDataInputStream;
import org.apache.hadoop.fs.FileSystem;
import org.apache.hadoop.fs.Path;

import java.io.BufferedReader;
import java.io.IOException;
import java.io.InputStreamReader;
import java.net.URI;

public class ReadFile {
    public static void main(String[] args) throws IOException, InterruptedException    {
        //获取配置
        Configuration conf = new Configuration();
        FileSystem fs = FileSystem.get(URI.create("hdfs://master.hadoop.com:8020"), conf, "root");
        //声明文件路径
        Path path =new Path("/HDFSTEST/words.txt");
        //获取指定文件的数据字节流
        FSDataInputStream is =fs.open(path);
        //读写文件内容并打印出来
        BufferedReader br=new BufferedReader(new InputStreamReader(is,"utf-8"));
        String line="";
        while((line=br.readLine())!=null){
            System.out.println(line);
        }
        br.close();
        is.close();
        fs.close();
    }
}
```

程序运行结果如图 3-10 所示。

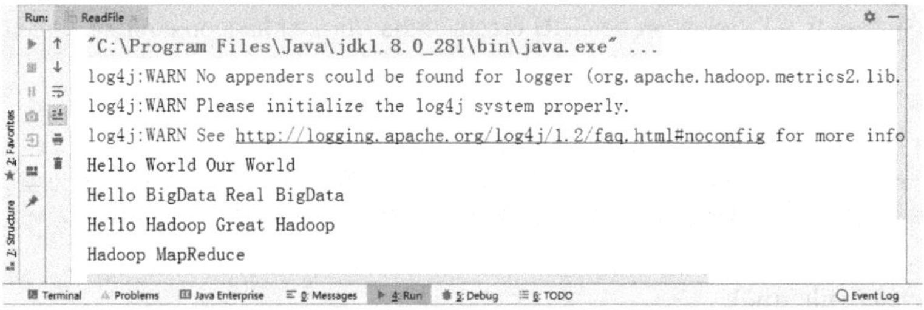

图 3-10 类"ReadFile"运行结果

步骤 2：写入数据。光标定位在 hdfsapi 包上，右击并在弹出的快捷菜单中选择

"new" → "Java Class" 命令，新建一个类，名称为 "WriterFile"，该类的具体实现代码如下：

```java
package hdfsapi;

import org.apache.hadoop.conf.Configuration;
import org.apache.hadoop.fs.FSDataOutputStream;
import org.apache.hadoop.fs.FileSystem;
import org.apache.hadoop.fs.Path;

import java.io.BufferedWriter;
import java.io.IOException;
import java.io.OutputStreamWriter;
import java.net.URI;

public class WriterFile {
    public static void main(String[] args) throws IOException, InterruptedException    {
        //获取配置
        Configuration conf = new Configuration();
        FileSystem fs = FileSystem.get(URI.create("hdfs://master.hadoop.com:8020"), conf, "root");
        //声明文件路径
        Path newPath =new Path("/HDFSTEST/test.txt");
        //获取指定文件的数据字节流
        FSDataOutputStream os =fs.create(newPath);
        BufferedWriter bw=new BufferedWriter(new OutputStreamWriter(os,"utf-8"));
        bw.write("测试写入数据");
        bw.close();
        os.close();
        fs.close();
    }
}
```

步骤 3：追加数据到文件。光标定位在 hdfsapi 包上，右击并在弹出的快捷菜单中选择 new" → "Java Class" 命令，新建一个类，名称为 "AppendFile"，该类的具体实现代码如下：

```java
package hdfsapi;

import org.apache.hadoop.conf.Configuration;
import org.apache.hadoop.fs.FSDataOutputStream;
import org.apache.hadoop.fs.FileSystem;
import org.apache.hadoop.fs.Path;

import java.io.BufferedWriter;
import java.io.IOException;
import java.io.OutputStreamWriter;
import java.net.URI;

public class AppendFile {
    public static void main(String[] args) throws IOException, InterruptedException    {
```

```java
        //获取配置
        Configuration conf = new Configuration();
        FileSystem fs = FileSystem.get(URI.create("hdfs://master.hadoop.com:8020"), conf, "root");
        //声明文件路径
        Path path =new Path("/HDFSTEST/test.txt");
        //获取指定文件的数据字节流
        FSDataOutputStream os =fs.append(path);

        BufferedWriter bw=new BufferedWriter(new OutputStreamWriter(os,"utf-8"));
        bw.newLine();
        bw.write("追加写入数据");
        bw.close();
        os.close();
        fs.close();
    }
}
```

实训 4

HBase 与 Hive 的安装和配置 «‹

HBase 是 Apache Hadoop 中的一个子项目，依托于 HDFS 作为最基本的存储单元，可以实现实时随机访问大规模结构化数据集。Hive 是一个数据仓库工具，将结构化的数据文件映射为一张数据表，提供简单的 SQL 查询功能。本实训介绍 HBase、Hive 并在 Hadoop 2.x 版本上安装和配置。

4.1 实训目的

- ◆ 理解 HBase 基础及体系架构。
- ◆ 掌握 HBase 集群安装部署。
- ◆ 理解 Hive 的工作原理及体系架构。
- ◆ 掌握 Hive 的安装部署。

4.2 实训要求

本次实训完成后，要求学生能够：
- ◆ 完成 HBase 集群安装部署。
- ◆ 完成 Hive 的安装部署。

4.3 实训原理

HBase 来源 Google 发表的 BigTable 论文，是一个高可靠、高性能、面向列、可伸缩、可实时读写的分布式数据库。

4.3.1 HBase

HBase 是一个分布式的数据库，使用 Zookeeper 管理集群，使用 HDFS 作为底层存储，它由 HMaster 和 HRegionServer 组成，遵从主从服务器架构。HBase 将逻辑上的表划分成多个数据块即 Region，存储在 RegionServer 中。HMaster 负责管理所有的 RegionServer，它本身并不存储任何数据，而只是存储数据到 RegionServer 的映射关系

（元数据）。HBase 的基本架构如图 4-1 所示。

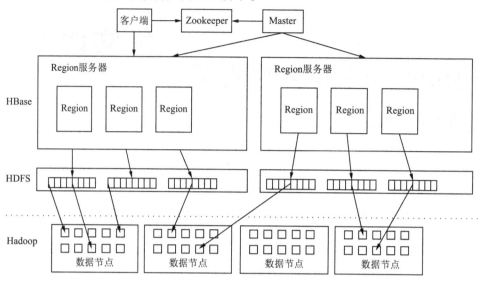

图 4-1　HBase 的基本架构

4.3.2　Hive

Hive 是 Hadoop 大数据生态圈中的数据仓库，其提供以表格的方式来组织与管理 HDFS 上的数据、以类 SQL 查询语言（也称 HQL 语言）的方式来操作表格里的数据，Hive 的设计目的是能够以类 SQL 的方式查询存放在 HDFS 上的大规模数据集，不必开发专门的 MapReduce 应用。

Hive 本质上相当于一个 MapReduce 和 HDFS 的翻译终端，用户提交 Hive 脚本（HiveQL）后，Hive 运行时环境（Hive 的核心）会将这些脚本翻译成 MapReduce 和 HDFS 操作并向集群提交这些操作。Hive 构建在基于静态批处理的 Hadoop 之上，因此 Hive 并不适合那些需要低延迟的应用如联机事务处理（OLTP）。最佳使用场合是大数据集的批处理作业如网络日志分析。

Hive 的系统架构组成主要分四个部分：①用户接口部分，包括 CLI、JDBC/ODBC、WebUI；②存放元数据的数据库，通常是存储在关系数据库如 MySQL,DERBY 中；③编译器、优化器、执行器；④存放数据的系统，通常是存储在 Hadoop HDFS，计算则是利用 MapReduce 进行。

用户接口主要有三个：CLI、JDBC/ODBC 和 WebUI。Hive 将元数据存储在数据库中（Metastore），目前只支持 MYSQL、DERBY。Hive 中的元数据包括表的名字、表的列和分区及其属性、表的属性（是否为外部表等）、表的数据所在目录等。编译器、优化器完成 HiveQL 查询语句从词法分析、语法分析、编译、优化以及查询计划的生成。生成的查询计划存储在 HDFS 中，并在随后有 MapReduce 调用执行。Hive 的数据存储在 HDFS 中，大部分的查询由 MapReduce 完成（包含*的查询，比如 select * from table 不会生成 MapReduce 任务）。Hive 系统架构如图 4-2 所示。

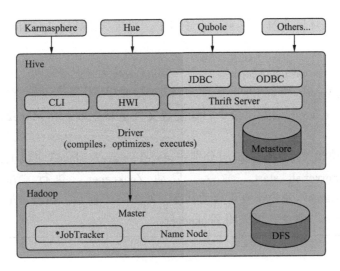

图 4-2　Hive 系统架构

4.4 实训步骤

本实训需要软件：zookeeper-3.4.13.tar.gz、hbase-1.2.1-bin.tar.gz、apache-hive-1.2.1-bin.tar.gz、mysql-connector-java-5.1.32-bin.jar。

实训环境运行在 Hadoop 2.7.5 版本上。

4.4.1 安装 Zookeeper

步骤 1：修改 conf 配置文件。复制 zookeeper-3.4.13.tar.gz 文件到 slave1 主机的 /usr/local/ 目录下。"tar -zxvf zookeeper-3.4.13.tar.gz" 命令，解压到当前目录，重命名生成 zookeeper 文件夹。执行 "cd /usr/local/zookeeper/conf" 命令，切换到 conf 配置文件目录下。执行 "cp zoo_sample.cfg zoo.cfg" 命令，由模板文件生成配置文件。执行 "vim zoo.cfg" 命令，添加如下信息：

```
dataDir=/usr/lib/zookeeper
dataLogDir=/var/log/zookeeper
clientPort=2181
tickTime=2000
initLimit=5
syncLimit=2
server.1=hadoop-002:2888:3888
server.2=hadoop-003:2888:3888
server.3=hadoop-004:2888:3888
```

步骤 2：分发文件。在 slave1 主机上，执行 "scp -r /usr/local/zookeeper slave2:/usr/local/" 和 "scp -r /usr/local/zookeeper slave3:/usr/local/" 命令，分发文件到 slave2 和 slave3 主机。执行 "mkdir /usr/lib/zookeeper" 和 "mkdir /var/log/zookeeper" 命令，分别创建对应文件夹。在 slave2、slave3 主机上，执行 "mkdir /usr/lib/zookeeper" 和 "mkdir /var/log/zookeeper" 命令，分别创建对应文件夹。

步骤 3：配置环境变量。在 slave1 主机上，执行 "vim /etc/profile" 命令。添加如下语句：

export ZK_HOME=/usr/local/zookeeper   #zookeeper 家目录
export PATH=$PATH:$ZK_HOME/bin   #zookeeperPATH 路径

执行 "source /etc/profile" 命令，让配置文件重新生效。在 slave2、slave3 主机上，同上操作。

步骤 4：启动和关闭 Zookeeper。分别在 slave1、slave2、slave3 主机上，执行 "/usr/local/zookeeper/bin/zkServer.sh start" 命令，启动 Zookeeper。执行 "/usr/local/zookeeper/bin/zkServer.sh status" 命令，查看启动状态，如图 4-3 所示。执行 "/usr/local/zookeeper/bin/zkServer.sh stop" 命令，可关闭 Zookeeper。

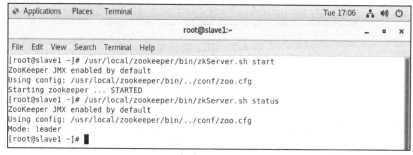

（a）slave1

（b）slave2

（c）slave3

图 4-3　启动 Zookeeper 并查看状态

4.4.2　安装 HBase

步骤 1：修改 conf 配置文件。复制 hbase-1.2.1-bin.tar.gz 文件到 master 主机的

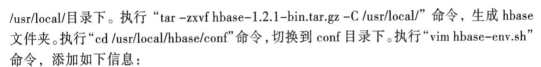

/usr/local/目录下。执行"tar -zxvf hbase-1.2.1-bin.tar.gz -C /usr/local/"命令,生成 hbase 文件夹。执行"cd /usr/local/hbase/conf"命令,切换到 conf 目录下。执行"vim hbase-env.sh"命令,添加如下信息:

```
export   JAVA_HOME=/usr/java/jdk1.8.0_181-amd64        #JDK 家目录
export   HBASE_MANAGES_ZK=false
```

步骤 2:修改 hbase-site.xml 文件。执行"vim hbase-site.xml"命令,添加如下信息:

```xml
<configuration>
 <property>
        <name>hbase.rootdir</name>
        <value>hdfs://master.hadoop.com:8020/hbase</value>
 </property>          <!-- 指定 hbase 是分布式的 -->
 <property>
        <name>hbase.cluster.distributed</name>
        <value>true</value>
 </property>
 <property>
        <name>hbase.master.port</name>
        <value>16000</value>
 </property>
 <!-- 指定 zk 的地址,多个用","分割 -->
 <property>
        <name>hbase.zookeeper.quorum</name>
<value>slave1.hadoop.com:2181,slave2.hadoop.com:2181,slave3.hadoop.com:2181</value>
 </property>
 <property>
        <name>hbase.zookeeper.property.dataDir</name>
        <value>/usr/lib/zookeeper</value>
 </property>
</configuration>
```

步骤 3:修改 regionservers 文件。执行"vim regionservers"命令,添加如下信息:

```
slave1.hadoop.com
slave2.hadoop.com
slave3.hadoop.com
```

步骤 4:实现软链接。执行"cp -a /usr/local/hadoop/etc/hadoop/core-site.xml." "cp -a /usr/local/hadoop/etc/hadoop/hdfs-site.xml."命令,复制 Hadoop 配置文件到 HBase 的 conf 目录下,实现软链接。

步骤 5:分发文件。在 master 节点,执行如下命令:

```
scp -r /usr/local/hbase    hadoop@slave1.hadoop.com:/usr/local/
scp -r /usr/local/hbase    hadoop@slave2.hadoop.com:/usr/local/
scp -r /usr/local/hbase    hadoop@slave3.hadoop.com:/usr/local/
```

步骤 6:配置环境变量,如图 4-4 所示。在 master 节点,执行"vim /etc/profile"命令,在文件末尾添加如下语句:

export HBASE_HOME=/usr/local/hbase
export PATH=$PATH:$HBASE_HOME/bin

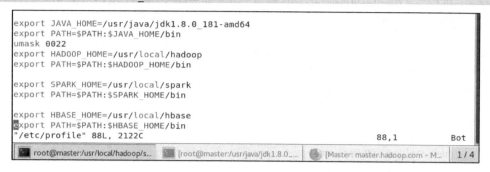

图 4-4　配置环境变量

执行"source /etc/profile"命令，重新让配置文件生效。在 slave1、slave2、slave3 主机上，同上操作。

步骤 7：启动和关闭 HBase。分别在 slave1、slave2、slave3 各主机从节点上，执行"/usr/local/zookeeper/bin/zkServer.sh start"命令，启动 Zookeeper。在 master 节点，执行"/usr/local/hbase/bin/start-hbase.sh"命令，启动 HBase 集群。打开浏览器输入网址"http://master.hadoop.com:16010/"，查看 Web 监控页面信息，如图 4-5 所示。

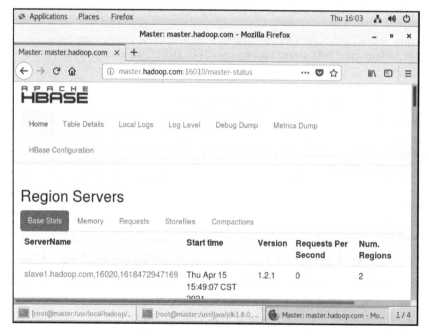

图 4-5　Web 监控页面信息

步骤 8：HBase Shell 基本操作。在 master 节点，执行"hbase shell"命令，可进入 HBase Shell 环境。创建学生成绩单表（scores 表），包括 name、grade、course 列，见表 4-1。

表 4-1 学生成绩单表

name	grade	course		
		chinese	math	english
Jack	1	78	85	90
Rose	2	86	83	94

执行"create 'scores','name','grade','course'"命令，建立一个"scores"表，属性有 name、grade、course。执行"list"命令，查询所有表名。执行"describe 'scores'"命令，查看表结构信息。执行以下命令，插入表数据：

```
put 'scores','Jim1','grade:','1'
put 'scores','Jim','course:Chinese','78'
put 'scores','Jim','course:math','85'
put 'scores','Jim','course:english','90'
put 'scores','Tom','grade:','2'
put 'scores','Tom','course:Chinese','86'
put 'scores','Tom','course:math','83'
put 'scores','Tom','course:english','94'
```

结果如图 4-6 所示。

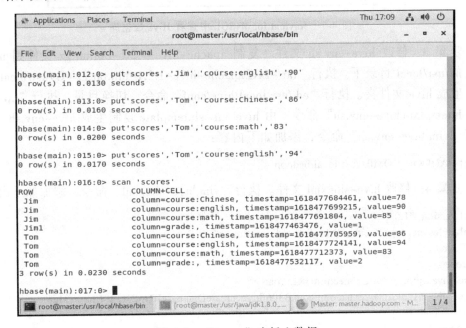

图 4-6 "scores"表插入数据

执行"scan 'scores'"命令，查询表记录。先执行"disable 'scores'"命令禁止使用表，再执行"drop 'scores'"命令，删除表。

4.4.3 安装 Hive

步骤 1：安装 MySQL。具体过程参见 7.4.6 节。

步骤 2：新建 Hive 数据库。执行"mysql –u root –p"命令，输入"root"密码，远程登录 MySQL 服务器。执行"create database hive;"命令，通过 Navicat for MySQL 查看 Hive 数据库，如图 4-7 所示。

图 4-7　Navicat for MySQL 中查看 Hive 数据库

步骤 3：修改 hive-env.sh 文件。复制 apache-hive-1.2.1-bin.tar.gz 文件到 master 主机的/usr/local/目录下。执行"tar –zxvf apache-hive-1.2.1-bin.tar.gz –C /usr/local/"命令，生成 hive 文件夹。执行"cd /usr/local/hive/conf"命令，切换目录。执行"cp hive-env.sh.template hive-env.sh"命令，由 hive-env.sh.template 复制生成 hive-env.sh 文件。执行"vim hive-env.sh"命令，添加如下内容：

export HADOOP_HOME=/usr/local/hadoop

步骤 4：修改 hive-site.xml 文件。执行"vim hive-site.xml"命令，添加如下内容：

```
<?xml version="1.0"?>
<?xml-stylesheet type="text/xsl" href="configuration.xsl"?>
<configuration>
  <property>
<name>javax.jdo.option.ConnectionURL</name>
<value>jdbc:mysql://master.hadoop.com:3306/hive?createDatabaseIfNotExist=true</value>
  </property>
  <property>
    <name>javax.jdo.option.ConnectionDriverName</name>
    <value>com.mysql.jdbc.Driver</value>
  </property>
  <property>
    <name>javax.jdo.PersistenceManagerFactoryClass</name>
    <value>org.datanucleus.api.jdo.JDOPersistenceManagerFactory</value>
  </property>
  <property>
```

```xml
    <name>javax.jdo.option.DetachAllOnCommit</name>
    <value>true</value>
</property>
<property>
    <name>javax.jdo.option.NonTransactionalRead</name>
    <value>true</value>
</property>
<property>
    <name>javax.jdo.option.ConnectionUserName</name>
    <value>root</value>
</property>
<property>
    <name>javax.jdo.option.ConnectionPassword</name>
    <value>root</value>
</property>
<property>
    <name>javax.jdo.option.Multithreaded</name>
    <value>true</value>
</property>
<property>
    <name>datanucleus.connectionPoolingType</name>
    <name>javax.jdo.option.ConnectionUserName</name>
    <value>root</value>
</property>
<property>
    <name>javax.jdo.option.ConnectionPassword</name>
    <value>root</value>
</property>
<property>
    <name>javax.jdo.option.Multithreaded</name>
    <value>true</value>
</property>
<property>
    <name>datanucleus.connectionPoolingType</name>
    <value>BoneCP</value>
</property>
<property>
    <name>hive.metastore.warehouse.dir</name>
    <value>/user/hive/warehouse</value>
</property>
<property>
    <name>hive.server2.thrift.port</name>
    <value>10000</value>
</property>
<property>
    <name>hive.server2.thrift.bind.host</name>
    <value>master.hadoop.com</value>
</property>
<property>
<name>hive.metastore.uris</name>
```

```
    <value>thrift://master.hadoop.com:9083</value>
  </property>
</configuration>
```

步骤 5：上传 MySQL 驱动到 Hive 安装目录。通过终端软件（XSHELL）上传 MySQL 驱动（mysql-connector-java-5.1.32-bin.jar）到/usr/local/hive/lib 目录，如图 4-8 所示。

图 4-8　/usr/local/hive/lib 目录下的 MySQL 驱动

步骤 6：复制 jline-2.12.jar 到 Hadoop 安装目录。执行"cp /usr/local/hive/lib/jline-2.12.jar /usr/local/hadoop/share/hadoop/yarn/lib/"命令，复制 jline-2.12.jar 到 Hadoop 安装目录。

步骤 7：分发文件。在 master 节点，分别执行"scp -r /usr/local/hive/lib/jline-2.12.jar hadoop@slave1.hadoop.com:/usr/local/hadoop/share/hadoop/yarn/lib/"命令分发到 slave1 节点。执行"scp -r /usr/local/hive/lib/jline-2.12.jar hadoop@slave2.hadoop.com:/usr/local/hadoop/share/hadoop/yarn/lib/"命令，分发到 slave2 节点。执行"scp -r /usr/local/hive/lib/jline-2.12.jar hadoop@slave3.hadoop.com:/usr/local/hadoop/share/hadoop/yarn/lib/"命令，分发到 slave3 节点。

步骤 8：配置环境变量。执行"vim /etc/profile"命令，文件末尾添加如下语句：

```
export HIVE_HOME=/usr/local/hive
export PATH=$PATH:$HIVE_HOME/bin
```

执行"source /etc/profile"命令，让配置文件重新生效。

步骤 9：启动 Hive。在 master 节点，执行"/usr/local/hadoop/sbin/start-all.sh"命令，启动 Hadoop 集群。执行"nohup hive --service metastore >> ~/metastore.log 2>&1 &"和"nohup hive --service hiveserver2 >> ~/hiveserver2.log 2>&1 &"命令，启动元数据服务。

步骤 10：Hive Shell 基础操作。执行"hive"命令，进入 Hive Shell 环境下。执行"show tables;"和"show functions;"命令，显示如图 4-9 所示，则表示配置成功。

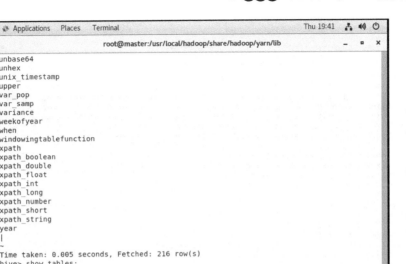

图 4-9 验证 Hive 是否配置成功

执行"CREATE TABLE pokes(foo INT,bar STRING);"命令,创建一个有两个字段的 pokes 表,其中第一列名为 foo,数据类型 INT;第二列名为 bar,类型为 STRING。执行"SHOW TABLES;"命令,显示所有表。执行"DESCRIBE pokes;"命令,显示表列。执行"ALTER TABLE pokes ADD COLUMNS(new_col INT);"命令,将 pokes 表增一列(列名为 new_col,类型为 INT)。执行"DROP TABLE pokes"命令,删除表。

执行"quit;"命令,退出 Hive Shell 环境。

步骤 11:关闭 Hive。执行"ss –lnp|grep 9083"和"ss –lnp|grep 10000"命令,查找端口号的进程,运行结果如图 4-10 所示。

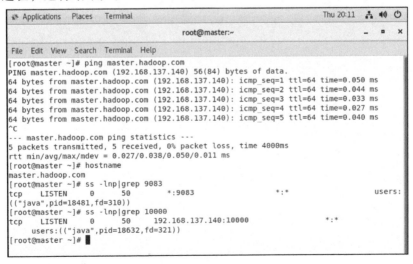

图 4-10 查找端口号的进程

执行"kill –9 18481"和"kill –9 18632"命令,结束进程,关闭 Hive,如图 4-11 所示。

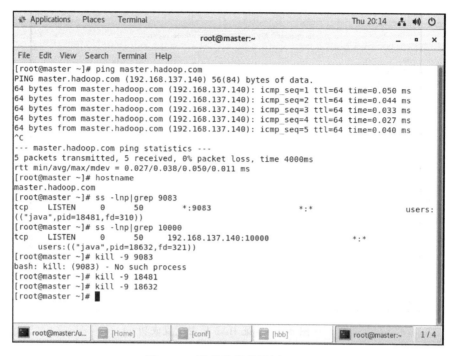

图 4-11 结束进程并关闭 Hive

执行"ps –aux|grep hive"命令,查看最终结果。

实训 5

MapReduce 基础编程

MapReduce 是一种适合处理海量数据的编程模型,基于它实现的应用程序能够运行在由上千个商用机器组成的大型集群上,并以可靠容错的方式并行处理太字节(TB)级别以上的数据集。

Hadoop MapReduce 是 Hadoop 平台根据 MapReduce 原理设计实现的计算框架,最初的实现对可伸缩性、资源利用、不同工作负载的支持有所欠缺。为促进 Hadoop 更长远的发展,从 0.23.0 版本开始,Hadoop 的 MapReduce 框架完全重构,新的 Hadoop MapReduce 框架命名为 YARN。

本实训主要通过完成 MapReduce 版本 WordCount 编写与运行来理解 MapReduce 编程思想。

5.1 实训目的

- ◆ 熟悉 MapReduce 思想。
- ◆ 掌握编写 WordCount 程序的方法。

5.2 实训要求

本次实训完成后,要求学生能够:
- ◆ 理解 MapReduce 编程思想。
- ◆ 完成 MapReduce 版本 WordCount 编写与运行。

5.3 实训原理

要完成本实训需理解并掌握 MapReduce 编程思想和 YARN 框架。

5.3.1 MapReduce 编程思想

MapReduce 是一种分布式计算模型,如图 5-1 所示,简单地说就是将大批量的工作(数据)分解(Map)执行,然后再将结果合并成最终结果(Reduce)。这样做的好处是可以在任务被分解后通过大量机器进行并行计算,减少整个操作的时间。适用范围:数据量大,但是数据种类少,可以放入内存。基本原理及要点:将数据交给不同的机器去处理,数据划分,结果归约。

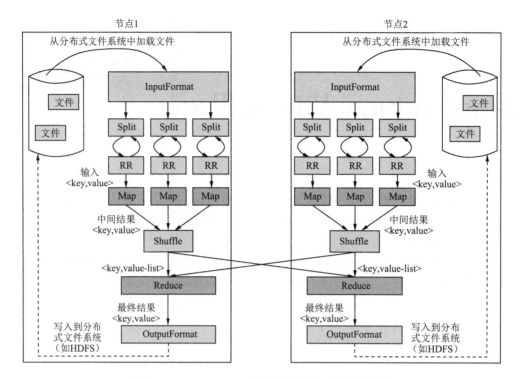

图 5-1 MapReduce 工作流程中的各个执行阶段

（1）Map 阶段

Map 阶段将输入的行数据，解析成"单词-1"形式的 key-value 对，如图 5-2（a）所示。其伪代码如图 5-2（b）所示。

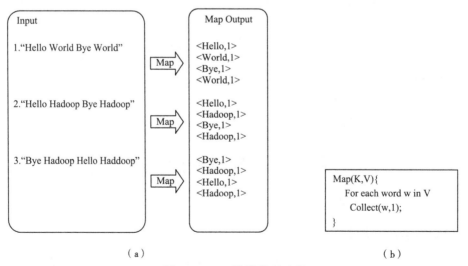

（a） （b）

图 5-2 Map 阶段处理过程

（2）Reduce 阶段

Reduce 阶段将 Map 阶段的输出结果进行归并，最后统计输出，如图 5-3（a）所示。其伪代码如图 5-3（b）所示，对每个 V 统计个数并通过 Collect 方法完成计数的归并。

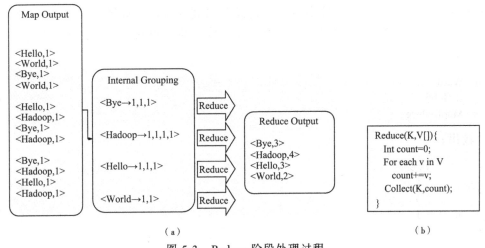

图 5-3 Reduce 阶段处理过程

在新版 Hadoop 中，YARN 作为一个资源管理调度框架，是 Hadoop 下 MapReduce 程序运行的生存环境。编写在 Hadoop 中依赖 YARN 框架执行的 MapReduce 程序，大部分情况下只需要编写相应的 Map 处理和 Reduce 处理过程的业务程序即可。编写一个 MapReduce 程序并不复杂，关键点在于掌握分布式的编程思想和方法，主要将计算过程分为以下五个步骤：

①迭代，遍历输入数据，并将之解析成 key/value 对。
②将输入 key/value 对映射（Map）成另外一些 key/value 对。
③依据 key 对中间数据进行分组（Grouping）。
④以组为单位对数据进行归约（Reduce）。
⑤迭代，将最终产生的 key/value 对保存到输出文件中。

编写 MapReduce 程序的 Java API 解析如下：

InputFormat：用于描述输入数据的格式，常用的为 TextInputFormat 提供如下两个功能。

①数据切分：按照某个策略将输入数据切分成若干个 split，以便确定 Map Task 个数以及对应的 split。

②为 Mapper 提供数据：给定某个 split，能将其解析成一个个 key/value 对。

OutputFormat：用于描述输出数据的格式，它能够将用户提供的 key/value 对写入特定格式的文件中。

Mapper/Reducer：封装了应用程序的数据处理逻辑。

Writable：Hadoop 自定义的序列化接口。实现该类的接口可以用作 MapReduce 过程中的 value 数据使用。

WritableComparable：在 Writable 基础上继承了 Comparable 接口，实现该类的接口可以用作 MapReduce 过程中的 key 数据使用（因为 key 包含了比较排序的操作）。

5.3.2 单词频数统计

通过 MapReduce 实现单词计数。用户输入一个包含大量单词的文本文件，运行

WordCount 程序后应输出文件中每个单词及其出现的次数（频数），并按单词字母顺序排序，每个单词和其频数占一行，单词和频数之间有间隔。例如：

输入：

Hello　　Word
Hello　　Hadoop
Hello　　MapReduce

输出：

单词	词频
Hadoop	1
Hello	3
MapReduce	1
Word	1

5.3.3　YARN 框架

YARN 是一个资源管理、任务调度的框架，采用 master/slave 架构，主要包含三大模块：ResourceManager（RM）、NodeManager（NM）、ApplicationMaster（App Mstr）。其中，ResourceManager 负责所有资源的监控、分配和管理，运行在主节点；NodeManager 负责每一个节点的维护，运行在从节点；ApplicationMaster 负责每一个具体应用程序的调度和协调，只在有任务正在执行时存在。对于所有的 applications，RM 拥有绝对的控制权和对资源的分配权。而每个 AM 则会和 RM 协商资源，同时和 NodeManager 通信来执行和监控 task，如图 5-4 所示。

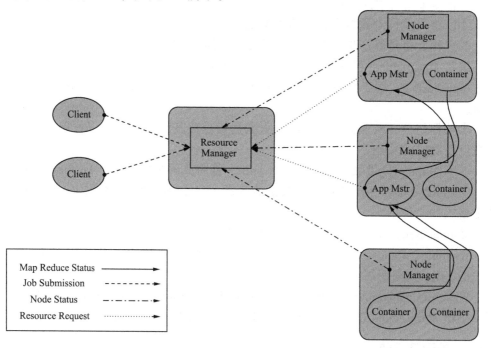

图 5-4　YARN 模块间的关系

一个完整的 MapReduce 程序在分布式运行时有三类实例进程。
① MR Application Master：负责整个程序的过程调度及状态协调。
② Map Task：负责 Map 阶段的整个数据处理流程。
③ Reduce Task：负责 Reduce 阶段的整个数据处理流程。

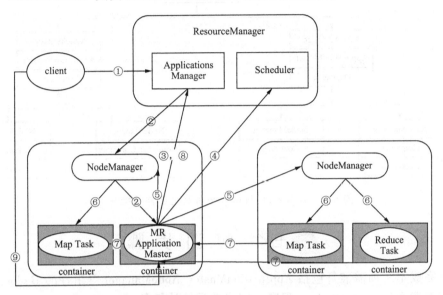

图 5-5　YARN 运行流程

如图 5-5 所示，YARN 运行流程如下：
① 用户编写客户端应用程序，向 YARN 提交应用程序，提交的内容包括 ApplicationMaster 程序、启动 ApplicationMaster 的命令、用户程序等。
② YARN 中的 ResourceManager 负责接收和处理来自客户端的请求，为应用程序分配一个容器，在该容器中启动一个 MR Application Master。
③ ApplicationMaster 被创建后会首先向 ResourceManager 注册。
④ ApplicationMaster 采用轮询的方式向 ResourceManager 申请资源。
⑤ ResourceManager 以"容器"的形式向提出申请的 ApplicationMaster 分配资源。
⑥ 在容器中启动任务（运行环境、脚本）。
⑦ 各个任务向 ApplicationMaster 汇报自己的状态和进度。
⑧ 应用程序运行完成后，ApplicationMaster 向 ResourceManager 的应用程序管理器注销并关闭自己。

在集群部署方面，如图 5-6 所示，YARN 的各个组件是和 Hadoop 集群中的其他组件进行统一部署的。

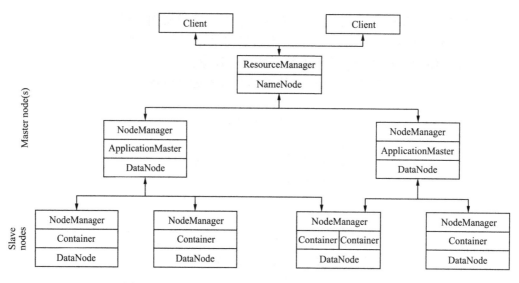

图 5-6　YARN 和 Hadoop 平台其他组件的统一部署

5.4　实　训　步　骤

要完成本实训需准备包括 ApplicationMaster、NodeManager 等组件的 Hadoop 集群，然后在集群中运行 MapReduce 程序，完成单词统计任务。

步骤 1：启动 Hadoop。具体过程参见 2.4.1 节。

步骤 2：部署 pom.xml 配置文件。新建一个名为 "hadoop" 的工程，添加一个名为 "mapreduce01" 的 Maven 类型的 Module。修改 "mapreduce01" 模块中的 pom.xml 配置文件，如图 5-7 所示。在 <project></project> 标签中添加代码如下：

```
    <properties>
        <project.build.sourceEncoding>UTF-8</project.build.sourceEncoding>
        <maven.compiler.source>1.8</maven.compiler.source>
        <maven.compiler.target>1.8</maven.compiler.target>
        <hadoop.version>2.7.2</hadoop.version>
</properties>

<dependencies>
    <dependency>
        <groupId>junit</groupId>
    <artifactId>junit</artifactId>
        <version>4.11</version>
    </dependency>

    <dependency>
        <groupId>org.apache.logging.log4j</groupId>
        <artifactId>log4j-core</artifactId>
        <version>2.8.2</version>
    </dependency>
```

```xml
    <dependency>
        <groupId>org.apache.hadoop</groupId>
        <artifactId>hadoop-common</artifactId>
        <version>${hadoop.version}</version>
    </dependency>

    <dependency>
        <groupId>org.apache.hadoop</groupId>
        <artifactId>hadoop-hdfs</artifactId>
        <version>${hadoop.version}</version>
    </dependency>

    <dependency>
        <groupId>org.apache.hadoop</groupId>
        <artifactId>hadoop-client</artifactId>
        <version>${hadoop.version}</version>
    </dependency>
</dependencies>
```

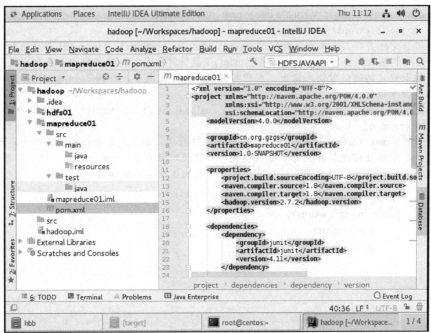

图 5-7 修改该模块下 pom.xml 配置文件

步骤 3：编写 Hadoop MapReduce 程序。

光标定位到"src/main/java"目录下，添加包"demo.cluster"，并在该包下创建文件 WordCount.java（文件名需与类名一致），添加如下代码，如图 5-8 所示。

```java
package demo.cluster;
import org.apache.hadoop.conf.Configuration;
import org.apache.hadoop.fs.Path;
import org.apache.hadoop.io.IntWritable;
import org.apache.hadoop.io.Text;
```

```java
import org.apache.hadoop.mapreduce.Job;
import org.apache.hadoop.mapreduce.Mapper;
import org.apache.hadoop.mapreduce.Reducer;
import org.apache.hadoop.mapreduce.lib.input.FileInputFormat;
import org.apache.hadoop.mapreduce.lib.output.FileOutputFormat;
import java.io.IOException;

public class WordCount {
/**
 *一、执行 map 操作
 * 输入：行数为 Key，正行的内容为 value
 * 在 map()函数中，会对输入的值进行分割处理
 * 输出：以<key,value>的形式输出数据。例如<"hello",1>;
 */
public static class WordCountmapper extends Mapper<Object, Text, Text, IntWritable>{ //自定义
WordCountmapper 类，继承 Mapper，同时需要设置输入/输出键值对格/式，其中输入键值对格式
要和输入格式设置的类读取生成的键值对格式匹配，而输出键值对格式需要和 Driver 中设置的
Mapper 输出键值对格式匹配
        private final static IntWritable one = new IntWritable();
        private Text word = new Text();
        //Mapper 共有三个函数，分别是 setup()、map()、cleanup()。Mapper 任务启动后首先执行
setup()函数，该函数主要用于初始化工作。map()函数针对每条输入键值对执行函数中定义的逻辑
处理，并按照规定的键值对格式输出。在所有键值对处理完成后，再调用 cleanup()函数，其主要
用于关闭资源等操作。
        public void map(Object key,Text value,Context context) throws IOException, InterruptedException{
            // map()函数的代码实现与实际业务逻辑挂钩，由开发者自行编写。因为实际业务需
求词频统计，所以处理逻辑时把每个输入键值对（键值对组成为<行的偏移量，行字符串>）按照
分隔符进行分隔，得到每个单词，然后输出每个单词和 1 组成的键值对
            String [] words = value.toString().split(" ");
            for(String str : words){
                word.set(str);
                context.write(word, one);
            }
        }
    }


/**
 * 二：map()函数执行过程中
 * map 端输出的数据首先会存储在内存缓冲区中，当超出溢写阈值是，会将内存中的文件溢
写到本地文件系统
 *1.在内存中，首先会进行 partation 操作，目的是将不同的 key 值分配到不同的 Reduce 任务
上，来进行负载均衡，默认的 partation 方法是 Hash 模运算
 * 2.在溢写发生时，首相会对数据进行 sort 归并排序操作，产生的结果应该为
<"hello",{1,1,1,1,1}>的形式
 * 3.如果设置了 Combiner，现在就会执行 Combiner 函数，进行 map 端的 Combiner 操作
 *4.将执行结果溢写到本地文件系统
 */
```

```
/**
 * 三：Map 函数执行完毕
 * Map 函数执行完毕后，可能会产生多个溢写文件，此时会对多个溢写文件进行合并操作
 * 在合并文件的过程中，也可能进行 Combiner 操作
 */

/**
 * 四：执行 Reduce 操作
 * Reduce 操作会把 Map 端的输出结果文件进行最终的合并，生成最终的结果
 */
    public static class WorldCountReducer extends Reducer<Text, IntWritable, Text, IntWritable>{
```

//自定义 WorldCountReducer 类，继承 Reduce，和 Mapper 一样，需要设置输入/输出键值对格式。这里的输入键值对格式需要和 Mapper 的输出键值对格式保持一致，输出键值对格式需要和 Driver 中设置的输出键值对格式保持一致。

//Mapper 共有三个函数，分别是 setup()、map()、cleanup()。其中 setup()、cleanup()函数和 Mapper 的同名函数功能一致，并且也是 setup()函数在最开始执行一次，而 cleanup()函数在最后执行一次。

```
        public void reduce(Text key,Iterable<IntWritable> value,Context context) throws IOException, InterruptedException{
```

// Reduce 函数的代码实现与实际业务逻辑挂钩，由开发者自行编写。在这里进行词频统计的最后一步计算，针对相同的键，把其列表值全部累加起来，最后输出结构键值对。

```
            int total = 0;
            for(IntWritable val : value){
                total++;
            }
            context.write(key, new IntWritable(total));
        }
    }

/**
*应用程序 Driver 分析
*Driver 程序主要是指 main()函数，在 main()函数里面进行 MapReduce 任务程序的一些初始
*化设置，并提交任务，等待程序运行完成
*/
    public static void main(String[] args) throws IOException, ClassNotFoundException, InterruptedException {
        //初始化相关 Hadoop 配置（以关键字 new 创建一个实例）
        Configuration configuration = new Configuration();
        //新建 Job 并设置主类（Job 实例传入 Configuration 实例，"word count"为 MapReduce 任务名）
        Job job = new Job(configuration,"word count");
        job.setJarByClass(WordCount.class);
        //设置 Mapper、Combiner、Reducer 执行实际任务的类
        job.setMapperClass(WordCountmapper.class);
        job.setReducerClass(WorldCountReducer.class);
```

//设置输出键值对格式。在 MapReduce 任务中涉及四个键值对格式：Mapper 输入键值对格式<K1,V1>，Mapper 输出键值对格式<K2, V2>，Reducer 输入键值对格式<K2,V2>，Reducer 输出键值对格式<K3,V3>。当 Mapper 输出键值对格式<K2,V2>与 Reducer 输出键值对格式<K3,V3>一样的时候，可以只设置 Reducer 输出键值对的格式

```
        job.setOutputKeyClass(Text.class);
        job.setOutputValueClass(IntWritable.class);
        //设置输入与输出路径，如果有必要，还可以增加对输入和输出文件格式的设置
        FileInputFormat.addInputPath(job, new Path("/hdfs/hadooptest/data"));
        FileOutputFormat.setOutputPath(job, Path("/hdfs/hadooptest/out/word_count_out3"));
        //提交 MapReduce 任务运行，并等待任务运行结果
        System.exit(job.waitForCompletion(true)?0:1);
    }
}
```

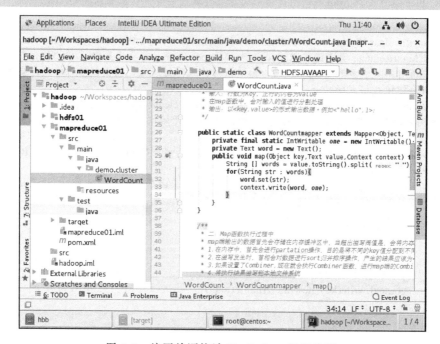

图 5-8　编写单词统计 MapReduce 过程代码

步骤 4：编译运行 Hadoop MapReduce 程序。执行过程日志信息输出如下：

[root@master sbin]# hadoop jar /root/hadooptest/wordcount02.jar demo.cluster.WordCount

21/02/25 11:50:51 INFO client.RMProxy: Connecting to ResourceManager at master.hadoop.com/192.168.137.140:8032
21/02/25 11:50:52 WARN mapreduce.JobResourceUploader: Hadoop command-line option parsing not performed. Implement the Tool interface and execute your application with ToolRunner to remedy this.
21/02/25 11:50:52 INFO input.FileInputFormat: Total input paths to process : 1
21/02/25 11:50:52 INFO mapreduce.JobSubmitter: number of splits:1
21/02/25 11:50:52 INFO mapreduce.JobSubmitter: Submitting tokens for job: job_1614209845830_0006
21/02/25 11:50:52 INFO impl.YarnClientImpl: Submitted application application_1614209845830_0006
21/02/25 11:50:52 INFO mapreduce.Job: The url to track the job: http://master.hadoop.com:8088/proxy/application_1614209845830_0006/
21/02/25 11:50:52 INFO mapreduce.Job: Running job: job_1614209845830_0006
21/02/25 11:51:00 INFO mapreduce.Job: Job job_1614209845830_0006 running in uber mode : false
21/02/25 11:51:00 INFO mapreduce.Job: map 0% reduce 0%
21/02/25 11:51:06 INFO mapreduce.Job: map 100% reduce 0%

```
21/02/25 11:51:11 INFO mapreduce.Job:    map 100% reduce 100%
21/02/25 11:51:12 INFO mapreduce.Job: Job job_1614209845830_0006 completed successfully
21/02/25 11:51:12 INFO mapreduce.Job: Counters: 49
    File System Counters
        FILE: Number of bytes read=182
        FILE: Number of bytes written=235227
        FILE: Number of read operations=0
        FILE: Number of large read operations=0
        FILE: Number of write operations=0
        HDFS: Number of bytes read=219
        HDFS: Number of bytes written=68
        HDFS: Number of read operations=6
        HDFS: Number of large read operations=0
        HDFS: Number of write operations=2
    Job Counters
        Launched map tasks=1
        Launched reduce tasks=1
        Data-local map tasks=1
        Total time spent by all maps in occupied slots (ms)=12980
        Total time spent by all reduces in occupied slots (ms)=12476
        Total time spent by all map tasks (ms)=3245
        Total time spent by all reduce tasks (ms)=3119
        Total vcore-milliseconds taken by all map tasks=3245
        Total vcore-milliseconds taken by all reduce tasks=3119
        Total megabyte-milliseconds taken by all map tasks=6645760
        Total megabyte-milliseconds taken by all reduce tasks=6387712
    Map-Reduce Framework
        Map input records=4
        Map output records=14
        Map output bytes=148
        Map output materialized bytes=182
        Input split bytes=125
        Combine input records=0
        Combine output records=0
        Reduce input groups=8
        Reduce shuffle bytes=182
        Reduce input records=14
        Reduce output records=8
        Spilled Records=28
        Shuffled Maps =1
        Failed Shuffles=0
        Merged Map outputs=1
        GC time elapsed (ms)=125
        CPU time spent (ms)=990
        Physical memory (bytes) snapshot=300617728
        Virtual memory (bytes) snapshot=4162650112
        Total committed heap usage (bytes)=170004480
    Shuffle Errors
        BAD_ID=0
        CONNECTION=0
```

```
            IO_ERROR=0
            WRONG_LENGTH=0
            WRONG_MAP=0
            WRONG_REDUCE=0
    File Input Format Counters
            Bytes Read=94
    File Output Format Counters
            Bytes Written=68
```

Hadoop jar 执行 MapReduce 任务时的日志输出，其中一些关键信息有助于检查执行的过程的与状态：

① job_1614209845830_0006：表示此项任务的 ID，通常也称作业号。

② 21/02/25 11:51:00 INFO mapreduce.Job: map 0% reduce 0% ：表示将开始 Map 操作。

③ 21/02/25 11:51:06 INFO mapreduce.Job: map 100% reduce 0%：表示 Map 操作完成。

④ 21/02/25 11:51:11 INFO mapreduce.Job: map 100% reduce 100%：表示 Reduce 操作完成。

⑤ 21/02/25 11:51:12 INFO mapreduce.Job: Job job_1614209845830_0006 completed successfully：表示此作业成功完成。

⑥ Map input records=4：表示输入的记录共有四条（对应原始文件中的四条记录）。

⑦ Reduce output records=8：表示输出的结果共有八条。

⑧ CPU time spent (ms)=990：整个任务执行累计用时 0.99 秒。

实训 6

Spark 的安装和配置

Hadoop 虽然已成为大数据技术的事实标准，但其本身还存在 MapReduce 计算模型延迟过高等诸多缺陷，只适用于离线批处理的应用场景。而 Spark 提供了内存计算，减少了迭代计算时的 I/O 开销，适合迭代和交互式任务，不仅具备了 Hadoop MapReduce 的优点，而且解决了 Hadoop MapReduce 的缺陷，是 Hadoop MapReduce 计算模型的替代方案。

本实训在前面配置好的 Hadoop 部署环境基础上，介绍 Zookeeper 以及 Sparks 手工配置方法，最后对配置好的环境进行验证测试，为后续 Spark 的开发学习做好准备。

6.1 实训目的

- ◆ 熟悉 Spark 生态系统。
- ◆ 掌握 Zookeeper 的安装与配置。
- ◆ 掌握 Spark 的安装与配置。
- ◆ 熟悉 Spark 基本命令。

6.2 实训要求

本次实训完成后，要求学生能够：
- ◆ 完成 Zookeeper 集群安装部署。
- ◆ 完成 Spark 分布式集群安装和部署。
- ◆ 管理 Spark 分布式集群。

6.3 实训原理

在安装配置 Spark 前，应初步学习了解 Spark 存在的原因，熟悉 Spark 的生态圈，理解 Spark 体系架构，并理解 Spark 计算模型。在前面部署好的 Hadoop 集群上，学会部署 Zookeeper 集群以及 Spark 集群，并启动 Spark 集群，能够配置 Spark 集群使用 HDFS。

6.3.1 Zookeeper

Zookeeper 分布式服务框架主要是用来解决分布式应用中经常遇到的一些数据管理问题，例如，统一命名服务、状态同步服务、集群管理、分布式应用配置项的管理等。Zookeeper 集群中所有机器以投票的方式（少数服从多数）选取某一台机器作为 leader（领导者），其余机器作为 follower（追随者）。如果集群中只有一台机器，那么这台机器就是 leader，没有 follower。为了避免出现两台服务器获得相同票数，应该确保集群节点数为奇数，因此构建 Zookeeper 集群最少需要三台机器。

6.3.2 Spark

使用 Hadoop 进行迭代计算非常耗资源，因为每次迭代都需要从磁盘中写入、读取中间数据，I/O 开销大，如图 6-1 所示。而 Spark 将数据载入内存后，之后的迭代计算都可以直接使用内存中的中间结果作运算，避免了从磁盘中频繁读取数据，如图 6-2 所示。

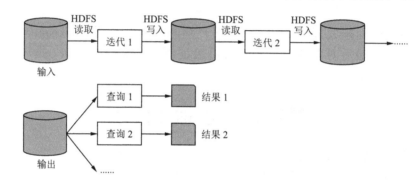

图 6-1　Hadoop MapReduce 执行流程

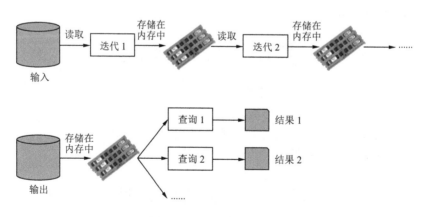

图 6-2　Spark 执行流程

Spark 是 UC Berkeley 于 2009 年研发的一种基于内存的大数据计算平台。由 Scala 编程实现，同时支持 Python、Java 等语言编程通过 API 接入完成开发任务。Spark 生态圈常用组件如图 6-3 所示。

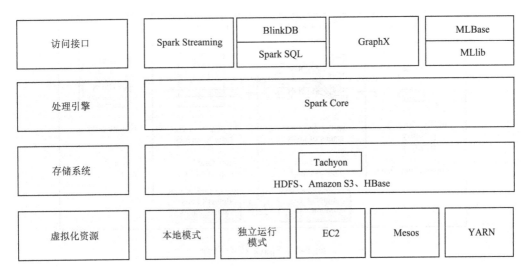

图 6-3　Spark 生态系统

① Spark Core：包含最基础和最核心的功能，主要面向批数据处理，建立在统一的抽象 RDD 之上，可以基本一致的方式应对不同的大数据处理场景。

② Spark SQL：在 Spark 的框架基础上提供和 Hive 一样的 HiveQL 命令接口，可以执行 SQL 查询，包括基本的 SQL 语法和 HiveQL 语法。读取的数据源包括 Hive 表、Parquent 文件、JSON 数据、关系数据库（MySQL 等）等。

③ Spark Streaming：是一种流计算框架，支持实时流数据处理。其核心思路是把流数据分解成一系列短小的批处理作业，每个短小的批处理作业都可以使用 Spark Core 快速处理。

④ MLlib（机器学习）：MLlib 提供常用机器学习算法实现，包括聚类、分类、回归、协同过滤等。

⑤ GraphX（图计算）：用于图计算的 API。

6.3.3　Spark 编程原理

Spark 继承了 Hadoop MapReduce 容错性高和伸缩性强的优点，同时弥补了 Hadoop MapReduce 必须严格执行先映射（Map）后规约（Reduce）的缺陷，不再采用 HDFS 迭代运算，而是通过有向无环图（Directed Acyclic Graph，DAG）算子传递中间结果到下一阶段任务。Spark 以弹性分布式数据集（RDD）为工作核心，通过 DAG 图和 Stage 作业划分完成组织、运算和调度等一系列计算任务，效率相比 Hadoop MapReduce 有显著提升。Spark 核心原理如图 6-4 所示。

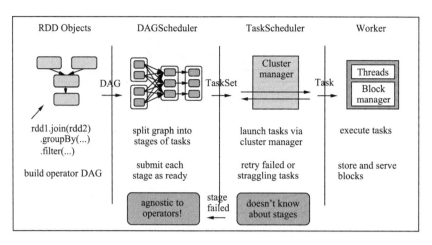

图 6-4 Spark 核心原理

6.4 实训步骤

由于 Hadoop MapReduce 和 Spark 等都可以运行在资源管理框架 YARN 之上，因此，可以在 YARN 之上进行统一部署，如图 6-5 所示。这些不同的计算框架统一运行在 YARN 中，可以带来如计算资源按需伸缩、不用负载应用混搭、集群利用率高、共享底层存储、避免数据跨集群迁移等好处。

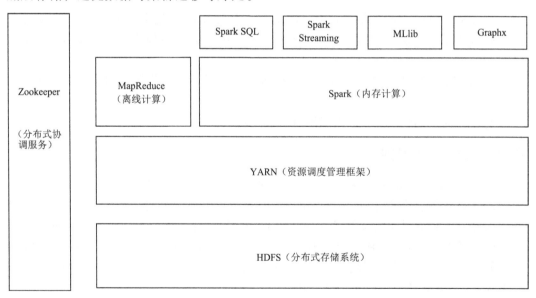

图 6-5 Hadoop 和 Spark 的统一部署

6.4.1 搭建 Zookeeper 分布式集群

1. 部署 Zookeeper

步骤 1：修改 zoo.cfg 文件。在 slave1 节点，执行 "cd /usr/local/" 命令，切换到目录。执行 "tar -zxvf zookeeper-3.4.13.tar.gz" 命令，解压 Spark 安装文件，执行 "mv zookeeper-3.4.13 zookeeper"命令，修改文件名。执行"cd/usr/local/zookeeper/conf"、"cp zoo_sample.cfg zoo.cfg"和"vi zoo.cfg"命令，参考以下代码修改，如图6-6所示。

```
dataDir=/usr/lib/zookeeper
dataLogDir=/var/log/zookeeper
clientPort=2181
tickTime=2000
initLimit=5
syncLimit=2
server.1=slave1.hadoop.com:2888:3888
server.2=slave2.hadoop.com:2888:3888
server.3=slave3.hadoop.com:2888:3888
```

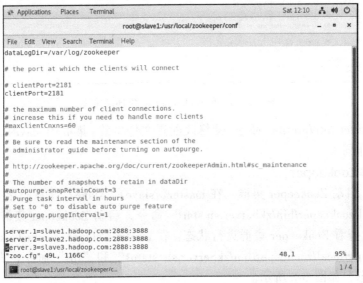

图 6-6　修改 zoo.cfg 文件

步骤2：在各节点创建 Zookeeper 对应文件夹。在 slave1 节点，分别执行"mkdir /usr/lib/zookeeper"和"mkdir /var/log/zookeeper"命令，创建 Zookeeper 对应文件夹。slave2、slave3 从节点同上操作。

步骤3：在各节点创建 myid 文件。在 slave1 节点，执行"vi /usr/lib/zookeeper/myid"命令，输入内容"1"。slave2、slave3 从节点同上操作，分别输入"2"和"3"。

步骤4：分发文件到从节点。在 slave1 节点，分别执行"scp –r /usr/local/zookeeper slave2.hadoop.com: /usr/local"和"scp –r /usr/local/zookeeper slave3.hadoop.com: /usr/local"命令，分发 Zookeeper 安装文件到集群中 slave2、slave3 从节点。

步骤5：设置 Zookeeper 系统环境变量，如图6-7所示。在 master 节点，执行"vi /etc/profile"命令，文件末尾处添加如下代码：

```
export ZK_HOME=/usr/local/zookeeper
export PATH=$PATH:$ZK_HOME/bin
```

图 6-7　设置 Zookeeper 系统环境变量

执行"source /etc/profile"命令，使修改配置文件生效。集群中 slave1、slave2、slave3 从节点，操作同上。

2．管理 Zookeeper

步骤 1：启动 Zookeeper 集群。在 master、slave1、slave2、slave3 各节点，分别执行"/usr/local/zookeeper/bin/zkServer.sh start"命令，启动 Zookeeper 集群。

步骤 2：查看 Zookeeper 集群运行状态。在 master、slave1、slave2、slave3 各节点，分别执行"/usr/local/zookeeper/bin/zkServer.sh status"和"jps"命令，查看 Zookeeper 集群运行状态，如图 6-8 所示。

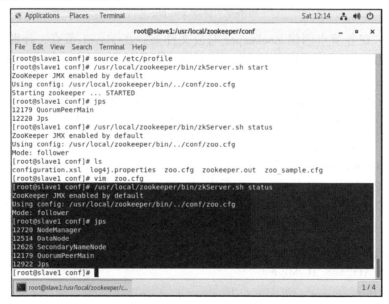

图 6-8　查看 Zookeeper 集群运行状态

步骤 3：关闭 Zookeeper 集群。在 master、slave1、slave2、slave3 各节点，分别执行 "/usr/local/zookeeper/bin/zkServer.sh stop" 命令，关闭 Zookeeper 集群。

6.4.2 搭建 Spark 分布式集群

1. 部署 Spark

步骤 1：修改 slaves 文件，如图 6-9 所示。在 master 节点，执行 "cd /usr/local/" 命令，切换到目录。执行 "tar -zxvf spark-2.1.3-bin-hadoop2.7.tgz" 命令，解压 Spark 安装文件，执行 "mv spark-2.1.3-bin-hadoop2.7 spark" 命令，修改文件名。执行 "cd /usr/local/spark/conf"、"cp slaves.template slaves" 和 "vi slaves" 命令，在文件末尾，删除原有内容 "locahost"，添加如下代码：

```
slave1.hadoop.com
slave2.hadoop.com
slave3.hadoop.com
```

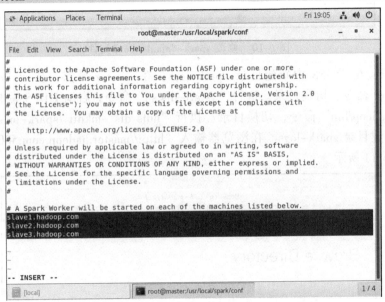

图 6-9　修改 slaves.template 文件

步骤 2：修改 spark-defaults.conf 文件如图 6-10 所示。在 master 节点，执行 "cd /usr/local/spark/conf" 和 "cp spark-defaults.conf.template spark-defaults.conf" 命令，由模板复制生成文件。执行 "vi spark-defaults.conf" 命令，在文件末尾，添加如下代码：

```
spark.master                     spark://master.hadoop.com:7077
spark.eventLog.enabled           true
spark.eventLog.dir               hdfs://master.hadoop.com:8020/spark-logs
spark.history.fs.logDirectory    hdfs://master.hadoop.com:8020/spark-logs
```

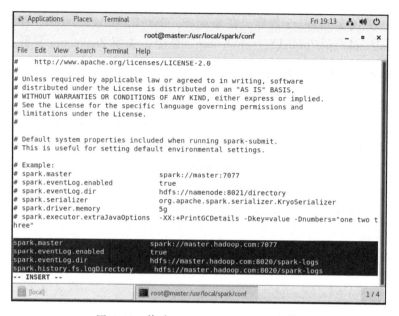

图 6-10 修改 spark-defaults.conf 文件

步骤 3：在 HDFS 中新建目录 spark-logs。在 master 节点，执行"cd /usr/local/hadoop/sbin"命令，切换目录。执行"./start-dfs.sh"命令，启动 HDFS 集群。执行"cd /usr/local/hadoop/bin"命令，切换目录。执行"hdfs dfs -mkdir /spark-logs"命令，在 HDFS 中新建目录 spark-logs。在浏览器输入"http://master.hadoop.com:50070"，查看结果如图 6-11 所示。

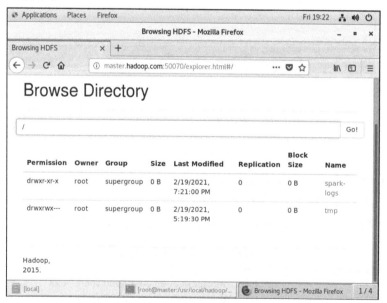

图 6-11 在 HDFS 中新建目录 spark-logs

步骤 4：修改 spark-env.sh 文件。在 master 节点，执行"cd /usr/local/spark/conf"命令，切换目录。执行"cp spark-env.sh.template spark-env.sh"命令，由模板复制

生成文件。执行"vi spark-env.sh"命令，如图 6-12 所示，在文件末尾，添加如下代码：

```
JAVA_HOME=/usr/java/jdk1.8.0_181-amd64
HADOOP_CONF_DIR=/usr/local/hadoop/etc/hadoop
SPARK_MASTER_IP=master.hadoop.com
SPARK_MASTER_PORT=7077
SPARK_WORKER_MEMORY=512m
SPARK_WORKER_CORES=1
SPARK_EXECUTOR_MEMORY=512m
SPARK_EXECUTOR_CORES=1
SPARK_WORKER_INSTANCES=1
```

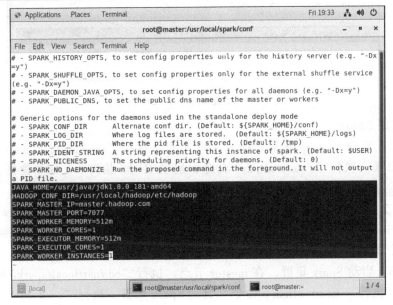

图 6-12　修改 spark-env.sh 文件

步骤 5：分发文件到从节点。在 master 节点，分别执行"scp –r /usr/local/spark slave1.hadoop.com:/usr/local"、"scp –r /usr/local/spark slave2.hadoop.com: /usr/local"和"scp –r /usr/local/spark slave3.hadoop.com: /usr/local"命令，分发 Spark 安装文件到集群中 slave1、slave2、slave3 从节点。

步骤 6：设置 Spark 系统环境变量，如图 6-13 所示。在 master 节点，执行"vi/etc/profile"命令，文件末尾处添加如下代码：

```
export SPARK_HOME=/usr/local/spark
export PATH=$PATH:$SPARK_HOME/bin
```

执行"source /etc/profile"命令，使修改配置文件生效。集群中 slave1、slave2、slave3 从节点，操作同上。

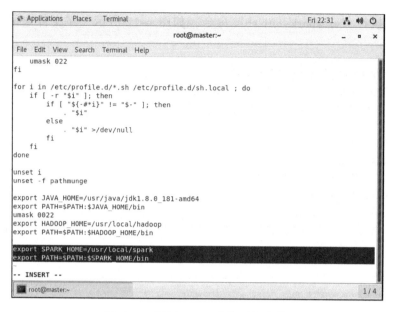

图 6-13　设置 Spark 系统环境变量

2. 管理 Spark

步骤 1：启动 Hadoop 集群。在 master 节点，执行"cd /usr/local/hadoop/sbin"命令，切换目录。执行"./start-all.sh"命令，启动 HDFS 集群、YARN 集群。如事前已启动，可跳过本步骤。

步骤 2：启动 Zookeeper 集群。在 slave1、slave2、slave3 节点，分别执行 "/usr/local/zookeeper/bin/zkServer.sh start"命令，启动 Zookeeper 集群。如事前已启动，可跳过本步骤。

步骤 3：启动 Spark 集群。在 master 节点，执行"cd /usr/local/spark/sbin/"命令，切换目录。执行"./start-all.sh"命令，启动 Spark 集群。执行"start-history-server.sh hdfs://master:8020/spark-logs"命令，启动日志服务。建议每个虚拟机节点内存调整为至少 2 GB，提高 Spark 运行速度。

步骤 4：关闭 Spark 集群。在 master 节点，执行"cd /usr/local/spark/sbin/"命令，切换目录。执行"./stop-all.sh"命令，关闭 Spark 集群。执行"./stop-history-server.sh hdfs://master:8020/spark-logs"命令，关闭日志服务。

步骤 5：查看 Spark 集群 Web 监控页面。在浏览器输入"http://master.hadoop.com:8080"，如图 6-14 所示。

步骤 6：启动 spark-shell。在 master 节点，执行"cd /usr/local/spark/bin"命令，切换目录。执行"./spark-shell"命令，启动 spark-shell。获取到以下可用信息：

Spark context Web UI available at http://192.168.137.140:4040;
Spark context available as 'sc' (master = spark://master.hadoop.com:7077, app id = app-20210220125354-0000).
Spark session available as 'spark'.
Spark 版本信息：2.1.3 及所用的 scala 版本 2.11.8

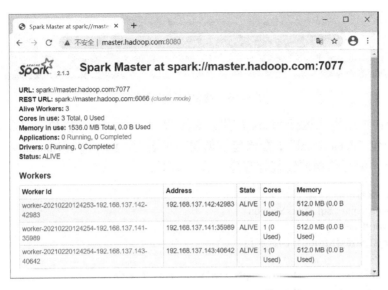

图 6-14 查看 Spark 集群 Web 监控页面

步骤 7：查看 Spark 集群 Web 监控页面。在浏览器输入"http://master.hadoop.com:8080"，查看应用程序运行状态，如图 6-15 所示。

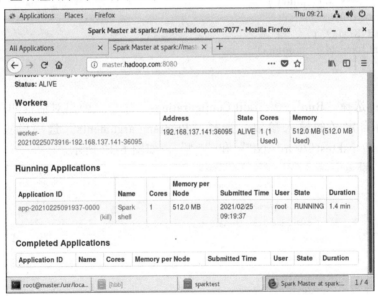

图 6-15 查看 Spark 集群 Web 监控页面

步骤 8：退出 spark-shell。在 master 节点，执行":quit"命令，退出 spark-shell。

6.4.3 运行 Spark 分布式集群

1. spark-shell 编程

步骤 1：读取本地文件信息。启动 spark-shell 后，执行"val textFile = sc.textFile("file:///usr/local/spark/README.md")"命令，读取本地文件，执行"textFile.first()"命令，输出文件首行文本信息，程序运行结果如图 6-16 所示。

```
scala> val textFile = sc.textFile("file:///usr/local/spark/README.md")
textFile: org.apache.spark.rdd.RDD[String] = file:///usr/local/spark/README.md MapPartitionsRDD[5] at textFile at <console>:24

scala> textFile.first()
res3: String = # Apache Spark

scala>
```

图 6-16　读取本地文件信息

步骤 2：本地模式运行 Spark 应用。在工程"wordcount"模块 src/main/scala 目录下创建一个包"demo.local"，在该包下创建一个名为"LocalWordCount.scala"的 object 单例模式类，编写单词词频统计程序，代码如下：

```
package demo.local
import org.apache.spark.sql.SparkSession
object LocalWordCount {
  def main(args: Array[String]): Unit = {
    val spark = SparkSession.builder().master("local").appName("wordcount").getOrCreate()
    val sc = spark.sparkContext
    val input = args(0)
    val splitter = args(1)
    val wordCount = sc.textFile(input)
      .flatMap(x=>x.split(splitter))
      .map(x=>(x,1))
      .reduceByKey(_+_)
    wordCount.foreach(x=>println(x))
  }
}
```

步骤 3：选择"Run"→"Edit Configurations"命令，弹出对话框如图 6-17 所示。如果程序有自定义的输入参数，选择"Program arguments"选项设置两个参数值""file:///root ///spaktest///words.txt""和"" ""，如图 6-17 所示。

图 6-17　local 模式传递参数到程序

程序运行结果如图 6-18 所示。

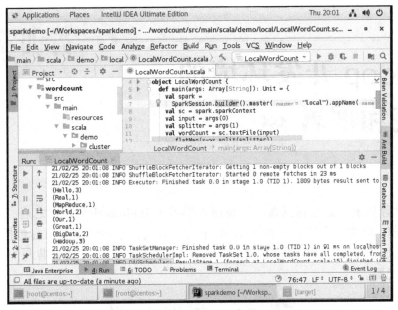

图 6-18 local 模式程序运行结果

步骤 4：集群模式运行 Spark 应用。在工程"wordcount"模块 src/main/scala 目录下创建一个包"demo.cluster"，在该包下创建一个名为"ScalaWordCount.scala"的 object 单例模式类，添加代码如下，进行本地测试：

```
import org.apache.spark.sql.SparkSession
object ScalaWordCount {
  def main(args: Array[String]): Unit = {
    val spark = SparkSession.builder().appName("wordcount").getOrCreate()
    val sc = spark.sparkContext
    val input = args(0)
    val splitter = args(1)
    val output = args(2)
    val wordCount = sc.textFile(input)
      .flatMap(x=>x.split(splitter))
      .map(x=>(x,1))
      .reduceByKey(_+_)
    wordCount.coalesce(1,false).saveAsTextFile(output)
  }
}
```

步骤 5：将提交程序到 Spark 集群或 YARN 集群中运行。

实训 7

Hadoop 开发环境的
安装和部署

"工欲善其事，必先利其器。"在深入学习了 Hadoop 相关技术之后，进行实际项目开发之前，需要学会安装和部署 Hadoop 开发环境。本实训主要内容包括 IDEA 的安装和配置、Eclipse 的安装与配置、Maven 的安装与配置、Tomcat 的安装与配置和 MySQL 的安装与配置。

7.1 实训目的

- ◆掌握 IDEA 的安装与配置。
- ◆掌握 Eclipse 的安装与配置。
- ◆熟悉 Maven 的安装与配置。
- ◆掌握 Tomcat 的安装与配置。
- ◆掌握 MySQL 的安装与配置。

7.2 实训要求

本次实训完成后，要求学生能够：
- ◆完成 Hadoop 开发环境的安装与部署。
- ◆完成 Spark 开发环境的安装与部署。

7.3 实训原理

Hadoop 开发常用工具包括 IntelliJ IDEA、Eclipse、Maven、Tomcat、MySQL 等，其中 IntelliJ IDEA、Eclipse 是两款优秀的 Java 语言集成开发环境（Integrated Development Environment，IDE），Maven 是一款软件项目管理和理解工具，Tomcat 目前比较流行的服务器软件，MySQL 是最流行的关系型数据库管理系统之一。

7.3.1 IntelliJ IDEA

IntelliJ IDEA，简称 IDEA，是 Java 语言的集成开发环境，IDEA 在业界被公认为是最好的 Java 开发工具之一，尤其在智能代码助手、代码自动提示、重构、Java EE

支持、Ant、JUnit、CVS 整合、代码审查、创新的 GUI 设计等方面的功能可以说是超常的。IDEA 还支持 Scala、Groovy 等语言的开发工具，同时支持目前主流的技术和框架，擅长于企业应用、移动应用和 Web 应用的开发。IntelliJ IDEA 工作界面如图 7-1 所示。

图 7-1　IntelliJ IDEA 工作界面

在 Eclipse 中有 Workspace（工作空间）和 Project（工程）的概念，在 IDEA 中只有 Project（工程）和 Module（模块）的概念。在 IntelliJ IDEA 中 Project 是最顶级的级别，次级别是 Module。一个 Project 可以有多个 Module。目前主流的大型项目都是分布式部署的，结构都是类似这种多 Module 结构。这类项目一般是这样划分的，如 Core Module、Web Module、Plugin Module、Solr Module 等，模块之间彼此可以相互依赖。通过这些 Module 的命名也可以看出，它们之间都是处于同一个项目业务下的模块，彼此之间是有不可分割的业务关系的。大型项目模块结构如图 7-2 所示。

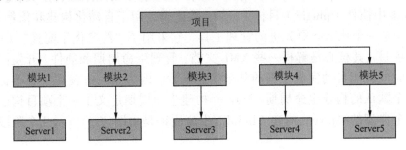

图 7-2　大型项目模块结构图

除此以外，JetBrains 公司旗下还有其他产品，例如：
WebStorm：用于开发 JavaScript、HTML5、CSS3 等前端技术。
PyCharm：用于开发 Python。

PhpStorm：用于开发 PHP。
RubyMine：用于开发 Ruby/Rails。
AppCode：用于开发 Objective – C/Swift。
CLion：用于开发 C/C++。
DataGrip：用于开发数据库和 SQL。
Rider：用于开发 .NET。
GoLand：用于开发 Go。
Android Studio：用于开发 Android（Google 基于 IDEA 社区版进行迭代）。

7.3.2 Eclipse

Eclipse 是一个开放源代码的、基于 Java 的可扩展开发平台。最初是由 IBM 公司开发。Eclipse 是一个框架和一组服务，用于通过插件组件构建开发环境。Eclipse 附带了一个标准的插件集，包括 Java 开发工具（Java Development Kit, JDK）。同时具备支持目前主流的技术和框架，擅长于企业应用、移动应用和 Web 应用的开发。

Eclipse 是一个用 Java 所撰写 IDE，因此可跨平台，所以在 Linux 和 Windows 平台下皆可使用 Eclipse，可降低程序员熟悉 IDE 的学习曲线。Eclipse 虽然主要拿来开发 Java 程序，但事实上 Eclipse 为一个"万用语言"的 IDE，只要挂上 plugin 后，就可以在 Eclipse 开发各种语言程序，例如，只要挂上 CDT（C/C++ Development Toolkit）后，就可以在 Eclipse 开发 C/C++程序，除此之外，目前的主流程序语言，如 C/C++、C#、Java、PHP、Perl、Python、Ruby、Rebol、JavaScript、SQL、XML、UML 等，皆可在 Eclipse 上撰写，因此只要熟悉 Eclipse 的 IDE 环境，将来若开发其他语言程序，就不用再重新学习 IDE 环境了。

7.3.3 Maven

Maven 是 Apache 提供的一款自动化构建工具，它包含了一个项目对象模型（Project Object Model），一组标准集合，一个项目生命周期（Project Lifecycle），一个依赖管理系统（Dependency Management System），以及用来运行定义在生命周期阶段（phase）中插件（plugin）目标（goal）的逻辑，用于自动化构建和依赖管理。

Maven 是一个比 Ant 更先进的管理工具，它采用了"约定优于配置"（CoC）的策略来管理项目。其核心是解析一些 XML 文档，管理生命周期和插件。开发团队基本不用花多少时间就能自动完成工程的基础构建配置，因为 Maven 使用了一个标准的目录结构和一个默认的构建生命周期。Maven 构建生命周期定义了一个项目构建和发布的过程，一个典型的 Maven 构建（build）生命周期是由图 7-3 所示几个阶段的序列组成的。

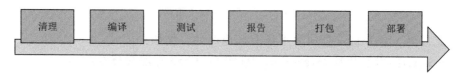

图 7-3　Maven 构建生命周期

7.3.4 Tomcat

Tomcat 服务器是开放源代码的 Web 应用服务器，属于轻量级应用服务器，中小型系统和访问并发量不是很高的情况下普遍使用，具有技术先进、性能稳定、免费等特点，采用 Java 语言开发，可以部署和发布 Web 项目或者网站。运行 Tomcat 需要 JDK，也就是 Java 开发工具的支持（Tomcat 会通过 JAVA_HOME 找到所需要的 JDK），并且 Tomcat 和 JDK 是有版本固定搭配。Tomcat 目录主要包括：bin：存储 Tomcat 服务控制文件或者脚本；conf：Tomcat 服务器全局配置文件；lib：Tomcat 运行的类库文件；logs：Tomcat 的日志；temp：Tomcat 启动产生的临时文件；webapps：Tomcat 主要的 Web 项目发布根目录；work：存放 jsp 编译后产生的 class 文件。

7.3.5 MySQL

MySQL 是一个关系型数据库管理系统，由瑞典 MySQL AB 公司开发，目前属于 Oracle 公司，在 Web 应用方面被广泛使用，深受欢迎。MySQL 也是一种关联数据库管理系统，关联数据库将数据保存在不同的表中，而不是将所有数据放在一个大仓库内，这样就增加了速度并提高了灵活性。

Navicat for MySQL 是管理和开发 MySQL 或 MariaDB 的理想解决方案。它是一套单一的应用程序，能同时连接 MySQL 和 MariaDB 数据库，并与 Amazon RDS、Amazon Aurora、Oracle Cloud、Microsoft Azure、阿里云、腾讯云和华为云等云数据库兼容。这套全面的前端工具为数据库管理、开发和维护提供了直观而强大的图形界面。

7.4 实训步骤

本实训主要包括部署 IDEA、部署 Eclipse、部署 Scala SDK、部署 Maven、部署 Tomcat 服务器以及部署 MySQL 服务器。

7.4.1 部署 IDEA

1. Linux 下部署 IDEA

（1）部署 Java 语言开发

步骤 1：安装 IDEA。在 centos 节点，执行 "cd /usr/local/" 命令，切换到目录。执行 "tar -zxvf ideaIU-2018.2.7.tar.gz" 命令，解压 IDEA 安装文件，执行 "mv idea-IU-182.5107.41 idea2018" 命令，修改文件名。

步骤 2：启动 IDEA。在 centos 节点，执行 "cd /usr/local/idea2018/bin" 命令，切换目录。执行 "./idea.sh" 命令。第一次启动时，会弹出图 7-4 所示的界面。单击 "OK" 按钮即可。如果先前有安装 IntelliJ IDEA，并且要保留其配置，那么可以选择第一个选项，指定版本的配置文件夹。

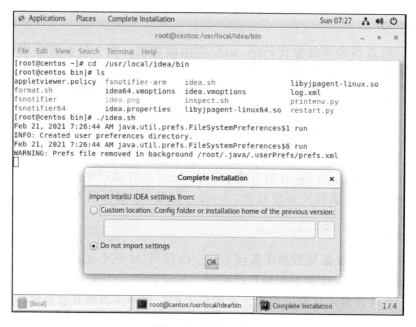

图 7-4 启动 IDEA

接着，会弹出 Set UI theme（主题设置）界面，选择喜欢的主题，如图 7-5 所示，然后单击 "Next:Desktop Entry" 按钮。

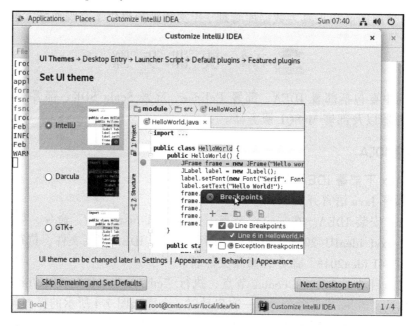

图 7-5 IDEA 主题设置界面

然后，会弹出 Create Desktop Entry（创建桌面条目）界面，勾选 "Create a desktop entry for integration with system application menu" 复选框，如图 7-6 所示，然后单击 "Next:Launcher Script" 按钮。

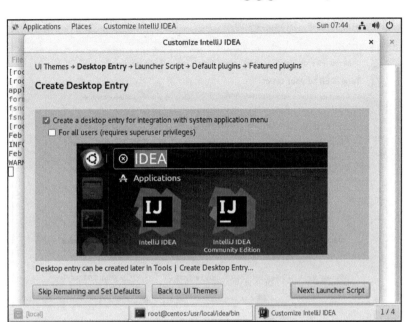

图 7-6 IDEA 桌面条目生成界面

接着，会弹出 Create Launcher Script（创建启动器脚本）界面，如图 7-7 所示，该界面是进行命令行相关的设置，可以忽略，单击"Next:Default plugins"按钮。

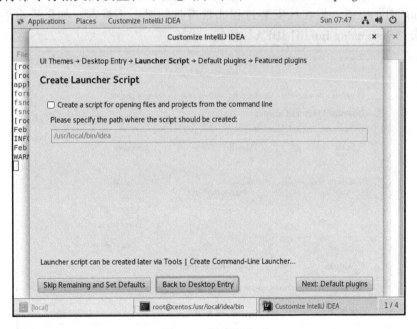

图 7-7 创建脚本

在弹出的 Tune IDEA to your tasks（插件定制）界面中，可以选择一些有用的工具，例如构建工具（Apache Ant、Maven），版本控制工具（Git）等，如图 7-8 所示。选择完后，单击"Next:Featured plugins"按钮。

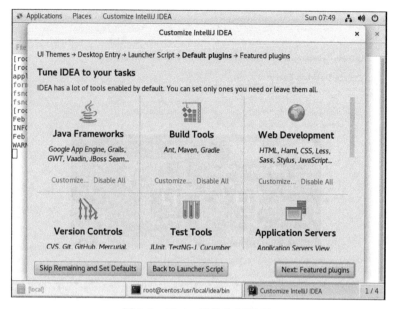

图 7-8　IDEA 插件定制界面

接着会弹出 Download featured plugins（下载精选插件）界面，如图 7-9 所示，在该界面中，显示多个功能插件，如用于 Scala 开发的插件 Scala，用于在 IntelliJ IDEA 中模拟 Vim 编辑器的插件 IdeaVim 等。如果打算在线安装 Scala 插件，则单击 Scala 下面的"Install"按钮。但在线安装过程非常慢且耗时，不推荐。如果采取手工离线安装，单击"Start using IntelliJ IDEA"按钮。

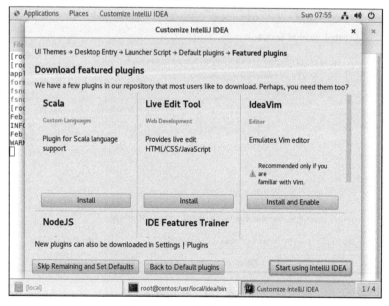

图 7-9　IDEA 插件安装界面

启动过程中会出现图 7-10 所示启动界面，显示已安装 IDEA 版本信息。

实训 7　Hadoop 开发环境的安装和部署

图 7-10　IDEA 启动界面

步骤 3：配置项目 JDK。在 IDEA 欢迎界面中，单击"Configure"按钮，在弹出的菜单中选择"Project Defaults"→"Project Structure"命令，如图 7-11 所示。

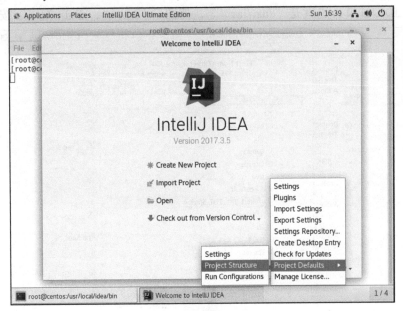

图 7-11　选择项目结构菜单

在弹出的"Default Project Structure"界面中，单击左侧"Project Settings"中的"Project"，然后单击右侧<No SDK>后面的"New"按钮，如图 7-12 所示，在弹出的下拉列表中选择"JDK"。

113

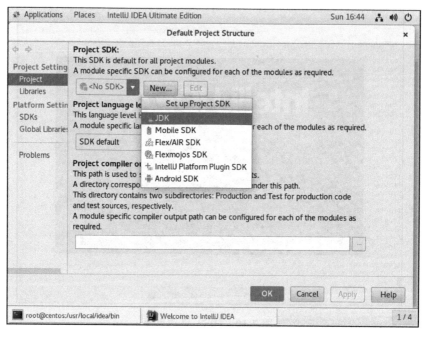

图 7-12　项目结构设置界面

在弹出的"Select Home Directory for JDK"对话框中，找到之前已经安装在 Linux 中安装的 JDK 目录，也就是"/usr/java/"，如图 7-13 所示，单击"OK"按钮。

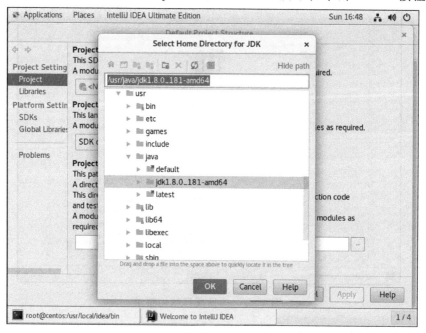

图 7-13　选择 JDK 目录

在返回的界面中，将 Project language level 选项设置为"8-Lambdas,type annotations etc."。如图 7-14 所示，单击"OK"按钮。

实训 7 Hadoop 开发环境的安装和部署

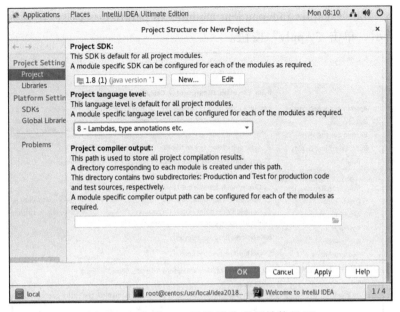

图 7-14 完成 JDK 设置后的项目结构界面

步骤 4：设置常用选项。

选择"Configure"→"Project Defaults"→"Settings"→"Auto Import"命令，勾选"Add unambiguous imports on the fly"（自动导入不明确的结构）、"Optimize imports on the fly(for current project)"（自动帮我们优化导入的包）选项，设置包自动导入。如图 7-15 所示，单击"Apply"按钮。

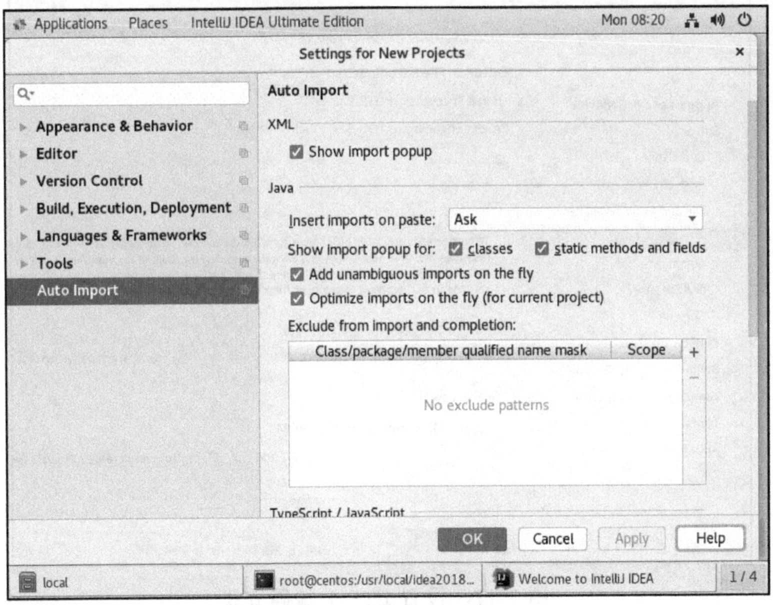

图 7-15 设置自动导包功能

设置自动编译。Eclipse 默认为自动编译，IDEA 默认状态为不自动编译状态，因此选择"Build,Execution,Deployment"→"Compiler"选项，勾选"Build project automatically"和"Compile independent modules in parallel"选项，设置为自动编译。如图 7-16 所示，单击"Apply"按钮。

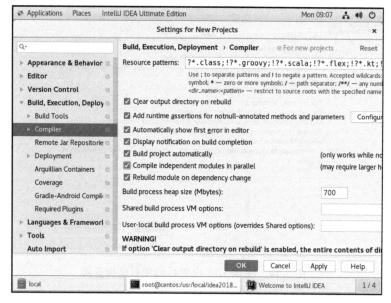

图 7-16　设置自动编译

设置编码方式。选择"Editor"→"File Encodings"命令，设置"Global Encoding""Project Encoding"为 UTF-8 编码方式，勾选"Transparent native-to-ascii conversion"选项，用于转换 ASCII，显示注释为中文，如图 7-17 所示，单击"Apply"按钮。

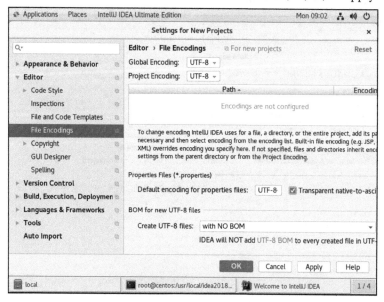

图 7-17　设置 UTF-8 编码方式

步骤 5：新建 Java 工程。在首次启动 IDEA 欢迎界面中，单击"Create New Project"按钮，打开一个新建项目对话框，开始创建一个新项目。如果已经启动进入 IDEA 开发界面，也可以通过菜单"File"→"New"→"Project"命令打开一个新建项目对话框,如图 7-18 所示。如果要创建 Web 工程,则需要勾选上面的 Web Application。如果不需要创建 Web 工程,则不需要勾选。这里先不勾选,只是创建简单的 Java 工程。

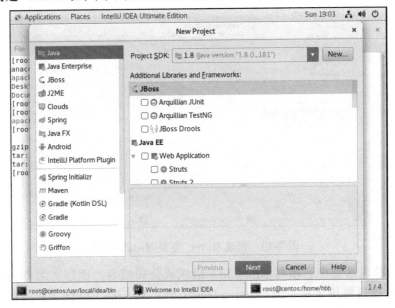

图 7-18 选择工程类型

给创建的工程起一个名字"javademo",设置存放位置为"/root/Workspaces"。如图 7-19 所示,单击"Finish"按钮。

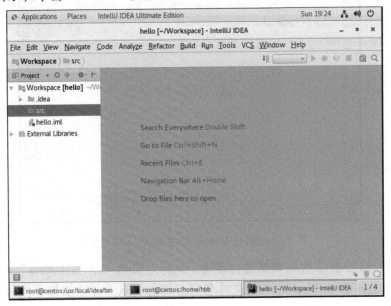

图 7-19 新建"hello"工程

步骤 6:添加 Maven 类型 Module 模块。在左侧"javademo"工程处,右击并在弹出的快捷菜单中选择"New"→"Module"命令,类型选择"Maven",如图 7-20 所示,单击"Next"按钮。

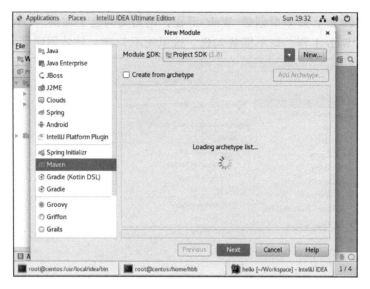

图 7-20 创建 Maven 类型 Module 模块

在弹出的对话框中,填写 Group Id(组织或公司域名,倒序)为"cn.org.gzgs";Artifact Id(项目模块名称)为"mavendemo01";Version(默认 Maven 生成版本)为"0.0.1-SNAPSHOT",如图 7-21 所示。

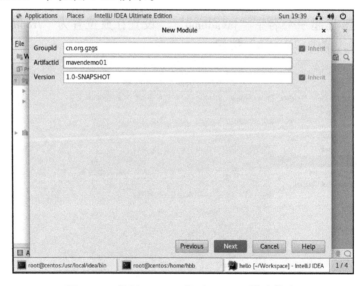

图 7-21 填写 Maven 类型 Module 模块信息

步骤 7:编写 Java 代码调试运行环境。光标定位到"src/main/java"文件夹,并在该包下创建文件 HelloWorld.java(文件名需与类名一致),添加如下代码:

```
public class HelloWorld {
    public static void main(String[] args) {
        System.out.println("Hello Maven");
    }
}
```

实训 7　Hadoop 开发环境的安装和部署

上述代码运行结果如图 7-22 所示。

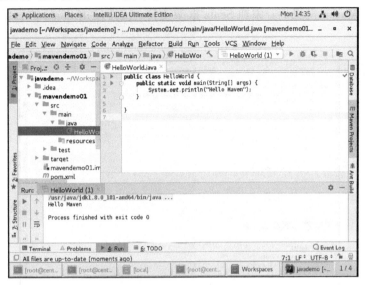

图 7-22　编译运行 Java 程序

（2）部署 Scala 语言开发

步骤 1：新建 Scala 工程。在首次启动 IDEA 欢迎界面中，单击"Create New Project"按钮，打开一个新建项目对话框，开始创建一个新项目。如果已经启动进入 IDEA 开发界面，也可以通过菜单"File"→"New"→"Project"打开一个新建项目对话框，如图 7-23 所示。如果要创建 Web 工程，则需要勾选上面的 Web Application。如果不需要创建 Web 工程，则不需要勾选。这里先不勾选，只是创建简单的 Scala 工程"scalademo"。

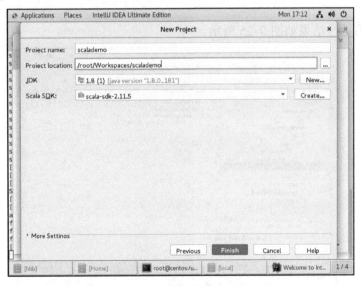

图 7-23　新建 Scala 工程

步骤 2：添加 Maven 类型 Module 模块。在左侧"javademo"工程处，右击并在弹出的快捷菜单中选择"New"→"Module"命令，类型选择"Maven"，单击"Next"按钮。创建好 Maven 模块后，添加 Scala 框架支持，支持使用 Scala 语言编程，如图 7-24 所示。

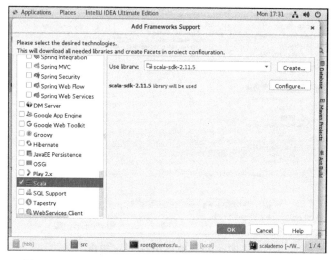

图 7-24　Maven 类型 Module 模块添加 Scala 框架支持

步骤 3：编写 Scala 代码调试运行环境。光标定位到"src/main/java"文件夹，并在该包下创建文件 HelloWorld.scala（文件名需与类名一致），添加如下代码：

```
object HelloWorld {
    def main(args: Array[String]): Unit = {
        println("Hello, Maven")
    }
}
```

上述代码运行结果如图 7-25 所示。

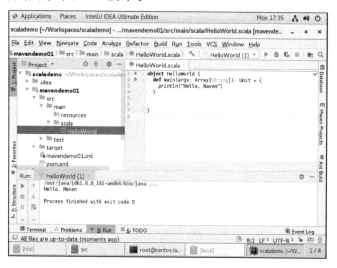

图 7-25　编译运行 Scala 程序

（3）部署 Hadoop 开发

步骤 1：启动 Hadoop。启动 Hadoop 集群的具体过程，参见实训 2 中第 2.4.1 小节搭建 Hadoop 分布式集群中第 2 点管理 Hadoop 的内容。

步骤 2：Hadoop MapReduce 应用程序运行测试。执行"cp /usr/local/hadoop/share/hadoop/mapreduce/hadoop-mapreduce-examples-2.7.2.jar /root/hadooptest/wordcount.jar"命令，将 Hadoop 的 share 目录下查找自带单词频数统计程序运行包"hadoop-mapreduce-examples-2.7.2.jar"，复制到"/root/hadooptest/"目录下。

在 Hadoop HDFS 创建文件夹及文件。在 master 节点，执行"hdfs dfs –mkdir –p /hdfs/hadooptest/data"命令，在 HDFS 文件系统中创建一个目录，用于保存 MapReduce 任务的输入文件。执行"hdfs dfs -copyFromLocal /root/hadooptest/words.txt /hdfs/hadooptest/data"命令，将本地文件单词统计文件 words.txt 上传到 HDFS。执行"hdfs dfs –mkdir –p /hdfs/hadooptest/out/word_count_out1"命令，创建一个目录，用于保存 MapReduce 任务的输出文件。

执行"hadoop jar /root/hadooptest/wordcount.jar wordcount /hdfs/hadooptest/data/words.txt /hdfs/hadooptest/out/word_count_out1"命令，参数说明如下：

hadoop jar /root/hadooptest/wordcount.jar：本地需要执行的 wordcount.jar 包。

/hdfs/hadooptest/data/words.txt：从 HDFS 分布式系统加载需要统计的单词文件。

/hdfs/hadooptest/out/word_count_out1：从 HDFS 分布式系统输出统计单词频数统计结果文件。

运行该程序，如图 7-26 所示。

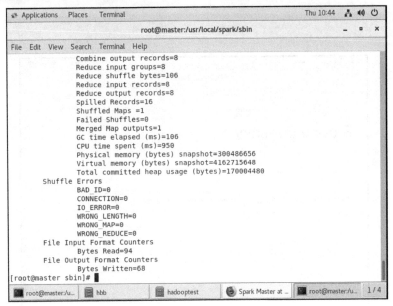

图 7-26　Hadoop MapReduce 程序运行结果

在浏览器输入"http://master.hadoop.com:8088"，查看程序运行状态，如图 7-27 所示。

图 7-27 Hadoop MapReduce 程序运行状态

在浏览器输入"http://master.hadoop.com:50070",查看程序运行结果,如图 7-28 所示。

BigData	2
Great1	
Hadoop	3
Hello3	
MapReduce	1
Our	1
Real	1
World	2

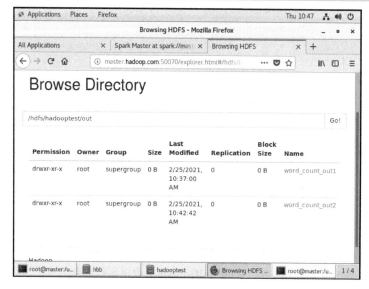

图 7-28 HDFS 查看输出结果

（4）部署 Spark 开发

步骤1：启动 Spark。启动 Spark 集群的具体过程，参见实训6第6.4.3 小节搭建 Spark 分布式集群中第2点管理 Spark 的内容。

步骤2：新建 Spark 工程。新建一个名为"spark"工程，添加一个名为 "WordCount" 的 Maven 类型的 Module。修改 "wordcount" 模块中 pom.xml 配置文件，在 <project></project>标签中添加如下代码：

```xml
<properties>
    <spark.version>2.1.0</spark.version>
    <scala.version>2.11</scala.version>
</properties>

<dependencies>
    <dependency>
        <groupId>org.apache.spark</groupId>
        <artifactId>spark-core_${scala.version}</artifactId>
        <version>${spark.version}</version>
    </dependency>
    <dependency>
        <groupId>org.apache.spark</groupId>
        <artifactId>spark-streaming_${scala.version}</artifactId>
        <version>${spark.version}</version>
    </dependency>
    <dependency>
        <groupId>org.apache.spark</groupId>
        <artifactId>spark-sql_${scala.version}</artifactId>
        <version>${spark.version}</version>
    </dependency>
    <dependency>
        <groupId>org.apache.spark</groupId>
        <artifactId>spark-hive_${scala.version}</artifactId>
        <version>${spark.version}</version>
    </dependency>
    <dependency>
        <groupId>org.apache.spark</groupId>
        <artifactId>spark-mllib_${scala.version}</artifactId>
        <version>${spark.version}</version>
    </dependency>
</dependencies>

<build>
    <plugins>
        <plugin>
            <groupId>org.scala-tools</groupId>
            <artifactId>maven-scala-plugin</artifactId>
            <version>2.15.2</version>
            <executions>
                <execution>
                    <goals>
                        <goal>compile</goal>
```

```xml
                <goal>testCompile</goal>
              </goals>
            </execution>
          </executions>
        </plugin>
        <plugin>
<groupId>org.apache.maven.plugins</groupId>
          <artifactId>maven-compiler-plugin</artifactId>
          <version>3.6.0</version>
          <configuration>
            <source>1.8</source>
            <target>1.8</target>
          </configuration>
        </plugin>
        <plugin>
          <groupId>org.apache.maven.plugins</groupId>
          <artifactId>maven-surefire-plugin</artifactId>
          <version>2.19</version>
          <configuration>
            <skip>true</skip>
          </configuration>
        </plugin>
      </plugins>
    </build>
```

如果需要手动更新，选择 pom.xml 文件，右击并在弹出的快捷菜单中选择"Maven"→"Generate Sources and Update Folders"命令，IDEA 就会开始在网络上下载相关依赖文件。

步骤 3：复制依赖库到本地。将 spark-2.1.3-bin-hadoop2.7 安装包下的"jars"文件夹（注意：事先应删除该目录下的 commons-compiler-3.0.8.jar）复制到 centos 节点的 /usr/local/spark 目录下。

步骤 4：配置 Spark 开发依赖包。选择"File"→"Project Structure"→"Libraries"命令。单击"+"按钮，选择"Java"选项。配置 Spark 开发依赖包如图 7-29 所示。

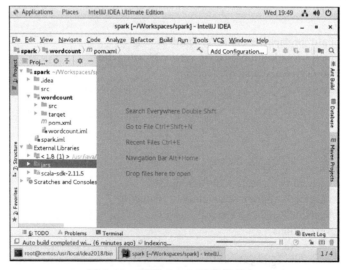

图 7-29　配置 Spark 开发依赖包

步骤 5：生成 jar 打包文件。在实训 6 编写的 sparkdemo 工程中，打开 IDEA 的 Maven 项目窗口，选择"maven projects"工作界面，选择"wordcount"模块下"Lifecycle"→"package"，单击上方"运行"按钮，开始执行打包过程，如图 7-30 所示。

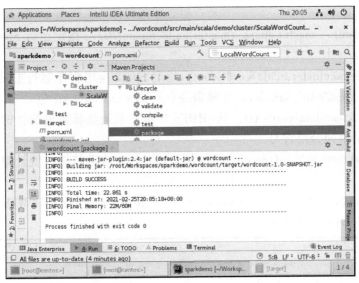

图 7-30　Maven 生成 jar 打包文件

打包成功就可以在本地应用程序 spark/wordcount/target 目录文件找到 jar 文件，并将其重命名为"wordcount.jar"，并将其复制到/root/sparktest 目录下。

步骤 6：提交 jar 到 Spark 集群中运行。

方式一：提交到 Spark 集群运行。在 master 节点，打开浏览器并输入网址"http://master.hadoop.com:8080"，获取到 Spark URL "spark://master.hadoop.com:7077"，如图 7-31 所示。

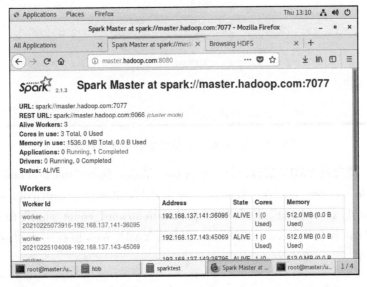

图 7-31　获取 Spark URL

执行"spark-submit --master spark://master.hadoop.com:7077 --class demo.cluster.ScalaWordCount /root/sparktest/wordcount.jar /hdfs/sparktest/data/words.txt"和"/hdfs/sparktest/out/word_count_out1"命令,提交集群运行程序。

参数说明如下:

spark-submit --master spark://master.hadoop.com:7077:指定运行 Spark 应用程序集群 URL。

--class demo.cluster.ScalaWordCount:指定 Spark 应用程序运行主类。

/root/sparktest/wordcount.jar:本地需要执行的 wordcount.jar 包。

/hdfs/sparktest/data/words.txt:从 HDFS 分布式系统加载需要统计的单词文件。

" ":指定单词分割符号。

/hdfs/sparktest/out/word_count_out1:从 HDFS 分布式系统输出统计单词频数统计结果文件。

在浏览器输入"http://master.hadoop.com:8080",可通过 Spark Web 监控中查看程序运行状态,如图 7-32 所示。

图 7-32 Spark Web 监控中查看程序运行状态

方式二:提交到 YARN 集群运行。在 master 节点,执行"spark-submit --master yarn --deploy-mode cluster --class demo.cluster.ScalaWordCount /root/sparktest/wordcount.jar /hdfs/sparktest/data/words.txt"和"/hdfs/sparktest/out/word_count_out2"命令,在浏览器输入"http://master.hadoop.com:8088",可通过 YARN Web 监控中查看程序运行状态,如图 7-33 所示。

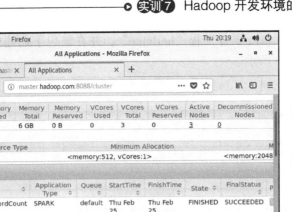

图 7-33　YARN Web 监控中查看程序运行状态

7.4.2　部署 Eclipse

步骤 1：安装 Eclipse IDE for Java EE Developers。在 centos 节点，执行 "cd /usr/local/" 命令，切换到目录。执行 "tar –zxvf eclipse-jee-2020-12-R-linux-gtk-x86_64.tar.gz" 命令，解压安装文件，执行 "mv eclipse eclipseforjee" 命令，修改文件名。

步骤 2：启动 Eclipse for jee。执行 "cd /usr/local/eclipseforjee" 命令，切换目录。执行 "./eclipse" 命令，启动 Eclipse for jee。

步骤 3：编写 Java 程序测试运行。

检查配置 JDK。单击 "Window" → "preferences" 菜单，设置为系统安装 JDK，如图 7-34 所示。

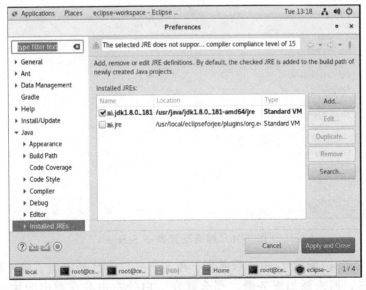

图 7-34　检查配置 JDK

新建一个 Java 语言工程 "hellojee"，并在该包下创建文件 HelloWorld.java，运行结果如图 7-35 所示。

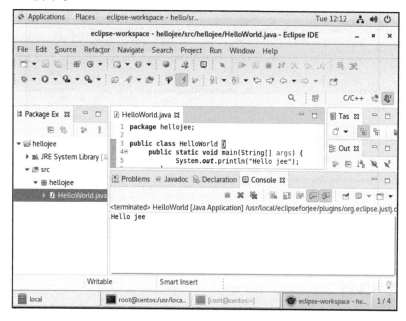

图 7-35　编写 Java 语言程序测试运行

步骤 4：Eclipse 配置 Tomcat 服务器。

检查配置 Web Services，如图 7-36 所示。

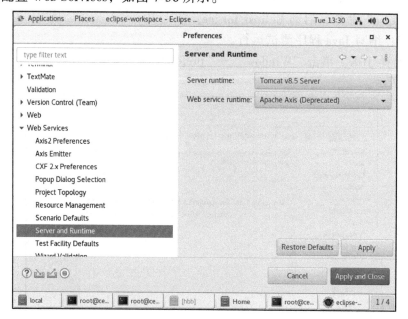

图 7-36　检查配置 Web Services

步骤 5：Eclipse 配置 Tomcat 服务器。在 Server 栏为已经添加了服务器的状态，如若为空白状态，即未添加服务器，那么就在空白处右击并在弹出的快捷菜单中选择

"New"→"Server"命令进行创建,在 Eclipse 创建 Tomcat 服务器如图 7-37 所示。

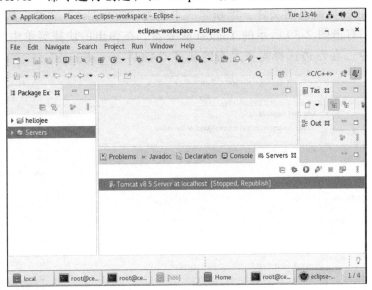

图 7-37 Eclipse 创建 Tomcat 服务器

其中,Tomcat 要选择自己的版本,这里为 Tomcat 8.0,下面的 Host name 为默认值,Server name 默认便可,当然,也可以更改为自己想要的名字。然后,在下面的 Server runtime environment 中选择相应的 Tomcat 版本,如果没有,可以单击后面的 Add Configure runtime environments 进行添加。完成之后,在侧边栏会出现一个 Server 文件,这是一个关于服务器的配置文件,可以在里面手动修改 Server 的配置。

在 Package Explorer 视图界面,选择"Window"→"Show View"→"Other"→"Java"→"Package Explorer"命令,然后,双击 Tomcat,打开 Server 的配置界面,在 Eclipse 配置 Tomcat 服务器如图 7-38 所示。

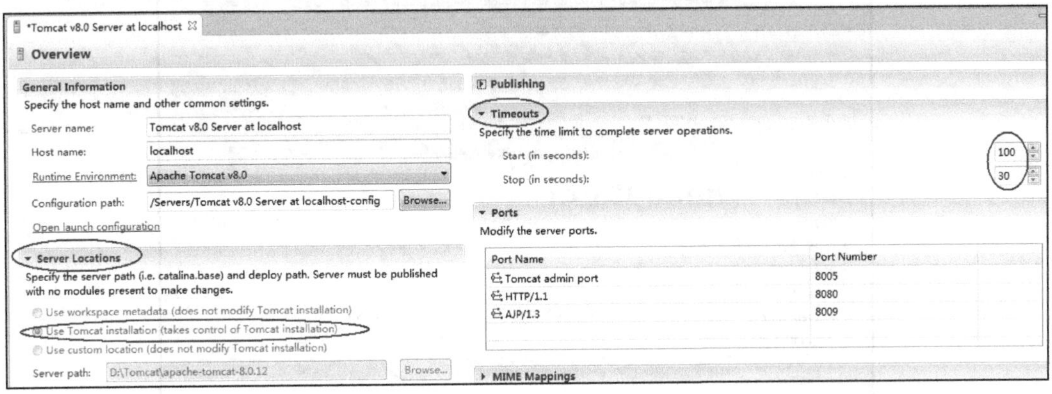

图 7-38 Eclipse 配置 Tomcat 服务器

Server Location 一定要选择自己 Tomcat 的安装路径,Timeout 中的 Start 时间可以取值取大一点,避免服务启动超时出错。注意修改后要保存,不然就算启动服务也无法访问。然后可以访问服务器看是否配置成功,正常情况下可以的。至此,Eclipse 配置完成。

步骤6：编写JSP程序测试运行。新建Dynamic类型Web项目"jspdemo"，如果项目中没有JSP页面视图文件，则新建一个名为"index.jsp"文件。然后，用服务器发布该项目，右击图7-39所示的Tomcat服务器，在弹出的快捷菜单中选择"Add and Remove"命令，在左边选择需要发布的项目"Add"→"Finish"。

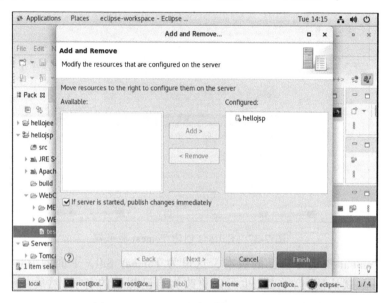

图 7-39　Tomcat 服务器部署 JSP 项目

启动服务器。再一次右击 Tomcat，在弹出的快捷菜单中选择 Publish 命令可以进行调试，也可以直接单击 Start 命令，测试项目，在地址栏中输入地址查看运行效果，如图 7-40 所示。

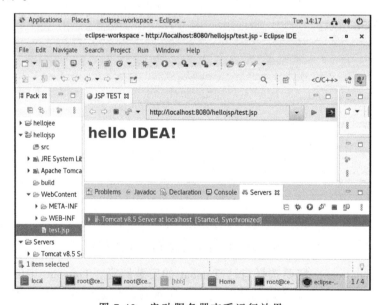

图 7-40　启动服务器查看运行效果

步骤7：Eclipse配置MySQL服务器。新建一个Java工程"testmysql"，右键单击"My"

→"build path"→"configure build path"选项，如图7-41所示。在Libraries处单击右边的"add external jars"选项，找到jdbc的位置。

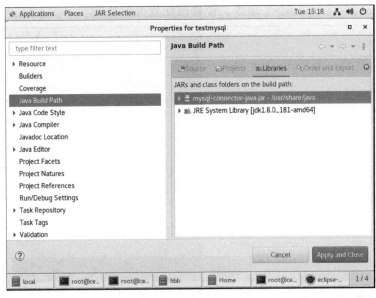

图7-41 添加jdbc连接

步骤8：编译运行Java程序，使用jdbc操作数据库，如图7-42所示。

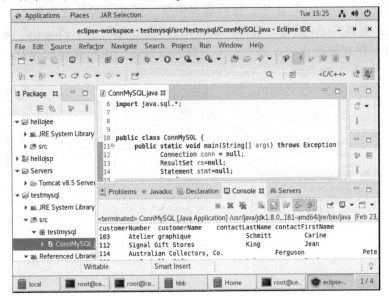

图7-42 使用jdbc操作数据库

7.4.3 部署Scala SDK

步骤1：安装Scala SDK。执行"cd /usr"命令，切换目录。执行"tar -zxvf scala-2.11.5.tgz"命令，解压生成文件。执行"vim /etc/profile"命令，如图7-43所示，文件末尾添加如下语句：

```
export SCALA_HOME=/usr/scala-2.11.5
export PATH=$PATH:$SCALA_HOME/bin
```

执行"source /etc/profile"命令，使修改配置文件生效。

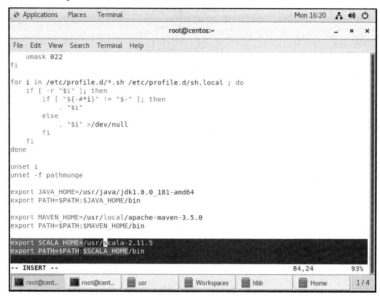

图 7-43　设置 Scala 环境变量

执行"scala –version"命令，显示版本信息，测试安装是否生效。

步骤 2：安装 Scala 插件。选择"File"→"Settings"→"Plugins"命令，在未安装插件之前，在右侧搜索"scala"，不会找到该插件，说明此时的开发环境中未安装 Scala 插件，如图 7-44 所示。

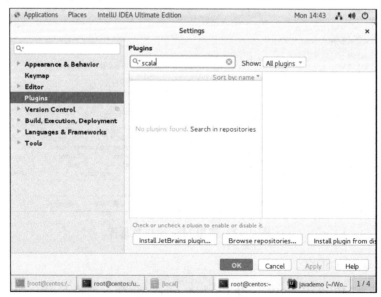

图 7-44　未安装 Scala 插件

若采用在线安装,在右侧的页面下方找到"Install JetBrains plugin"按钮,选择联网安装 Scala 插件。在新弹出的窗口中搜索"scala",单击下方出现的 Scala 选项,然后在右侧可以看到 Scala 的"Install"按钮,如图 7-45 所示,单击"Install"按钮进行 Scala 插件安装,这个安装过程可能会有点慢。

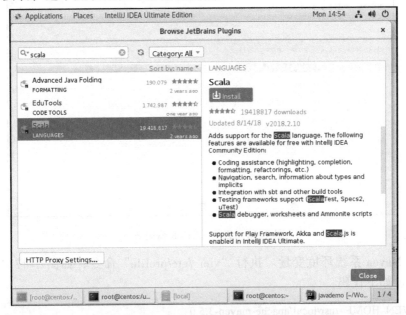

图 7-45　在线安装 Scala 插件

安装完成后可以看到,右侧的 Install 按钮变成了 Restart IntelliJ IDEA,说明已经安装成功。

7.4.4　部署 Maven

步骤 1:安装 Maven。安装 Maven 需要先设置好 JAVA_HOME:JDK 的环境变量。在 centos 节点,执行"cd /usr/local"命令,切换到目录。执行"tar -zxvf apache-maven-3.5.0-bin.tar.gz"命令,解压 Maven 安装文件。

设置本地仓库路径。Maven 默认的本地仓库路径为 ${user.home}/.m2/repository。本地仓库是远程仓库的一个缓冲和子集,当构建 Maven 项目的时候,首先会从本地仓库查找资源,如果没有,那么 Maven 会从远程仓库下载到本地仓库。这样在下次使用的时候就不需要从远程下载了。如果所需要的 jar 包版本在本地仓库没有,而且也不存在于远程仓库,Maven 在构建的时候会报错,这种情况可能是有些 jar 包的新版本没有在 Maven 仓库中及时更新。执行"cd /usr/local/apache-maven-3.5.0/conf"命令,切换目录。执行"vim settings.xml"命令,设置本地仓库下载 jar 包的路径为"/usr/local/repository",如图 7-46 所示。

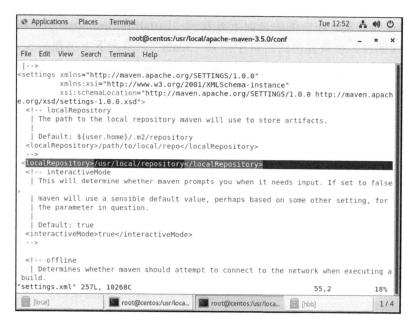

图 7-46 设置 UTF-8 编码方式

设置 Maven 系统环境变量。执行"vim /etc/profile"命令，如图 7-47 所示，文件末尾处添加如下代码：

```
export MAVEN_HOME=/usr/local/apache-maven-3.5.0
export PATH=$PATH:$MAVEN_HOME/bin
```

执行"source /etc/profile"命令，使修改配置文件生效。

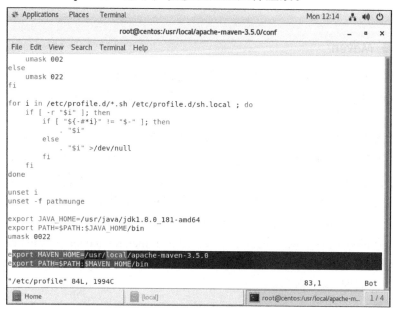

图 7-47 设置 Maven 系统环境变量

测试安装是否成功。执行"mvn –version"命令，显示版本信息则表示安装成功，如果提示"Permission denied"权限不够，则需要执行"chmod a+x /usr/local/apache-maven-3.5.0/bin/mvn"命令（a-所有用户 + 增加权限 x 执行），授予权限，如图 7-48 所示。

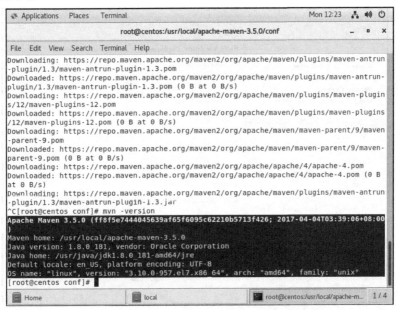

图 7-48　执行"mvn –version"命令显示版本信息

或者执行"mvn help:system"命令，通过该命令看到 Maven 不断从网上下载各种文件，下载完成后，也表示安装成功，如图 7-49 所示。

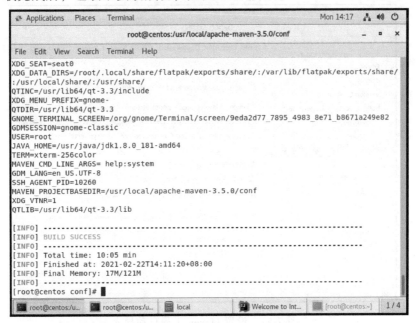

图 7-49　执行"mvn help:system"命令显示下载信息

步骤 2：IDEA 下配置 Maven。在 IDEA 欢迎界面中，单击"Configure"按钮，在

弹出的菜单中选择"Project Defaults"→"Setting"命令。设置"Maven home directory"选项，指定本地 Maven 所在的安装目录，设置"User settings file / Local repository"选项，指定 Maven 的 settings.xml 位置和本地仓库位置，如图 7-50 所示。

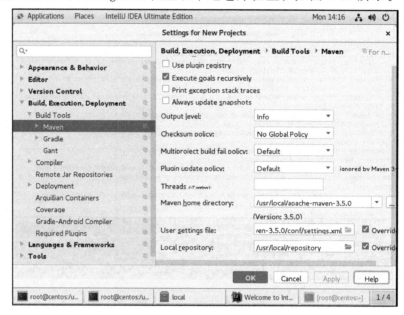

图 7-50 配置 Maven

选择"Maven"→"Importing"，勾选"Import Maven projects antomatically"复选框，设置 Maven 工程自动导入，如图 7-51 所示。

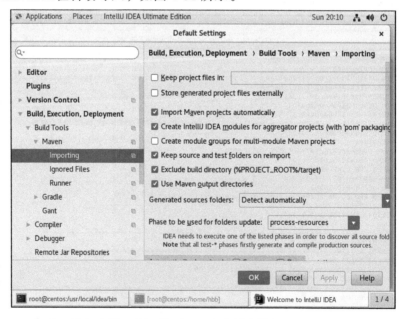

图 7-51 设置 Maven 工程自动导入

7.4.5 部署 Tomcat 服务器

1. 安装 Tomcat 服务器

步骤1：安装 Tomcat。执行"cd /usr/local"命令，切换目录。执行"tar –zxvf apache-tomcat-8.5.27.tar.gz"命令，解压文件。执行"mv apache-tomcat-8.5.27 tomcat"命令，重命名为 tomcat。

步骤2：配置 Tomcat 系统环境变量。执行"vim /etc/profile"命令。文件末尾添加如下代码：

```
export TOMCAT_HOME=/usr/local/tomcat
export PATH=$PATH:$TOMCAT_HOME/bin
```

执行"source /etc/profile"命令，使修改配置文件生效。

步骤3：配置 manager-gui 的管理页面。执行"cd /usr/local/tomcat/conf/"命令，切换目录。执行"vim tomcat-users.xml"命令，添加如下代码：

```
<role rolename="admin-gui"/>
<role rolename="manager-gui"/>     //指定用户可以使用的接口为 manager-gui
<user username="tomcat" password="tomcat" roles="admin, admin-gui , manager manager-gui"/>     //用户名和密码为 tomcat，在 manager-gui 接口使用
```

编辑 tomcat-users.xml，如图 7-52 所示。

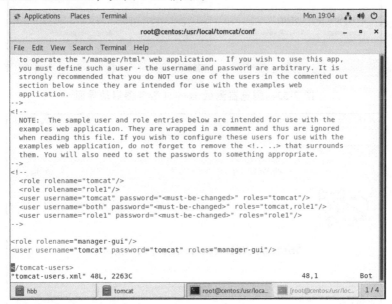

图 7-52 编辑 tomcat-users.xml

执行"cd /usr/local/tomcat/webapps/manager/META-INF/"命令，切换目录。执行"vim context.xml"命令，将

```
<Valve className="org.apache.catalina.valves.RemoteAddrValve"
       allow="127\.\d+\.\d+\.\d+|::1|0:0:0:0:0:0:0:1" />
```

修改为：

```
<Valve className="org.apache.catalina.valves.RemoteAddrValve"
       allow="127\.\d+\.\d+\.\d+|::1|0:0:0:0:0:0:0:1|\d+\.\d+\.\d+\.\d+" />
```

重启 Tomcat 生效配置。

步骤 4：启动和关闭 Tomcat。执行"cd /usr/local/tomcat/bin/"命令，切换目录。执行"./startup.sh"命令，启动 Tomcat。在浏览器输入"http://192.168.137.138:8080/"，如图 7-53 所示，表示启动成功。执行"./shutdown.sh"命令，关闭 Tomcat，如图 7-54 所示。

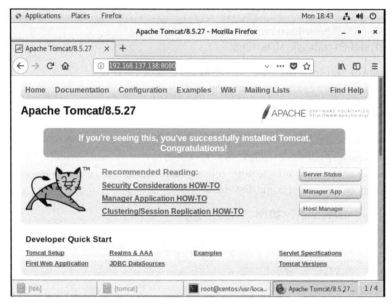

图 7-53　浏览器测试 Tomcat 服务器启动界面

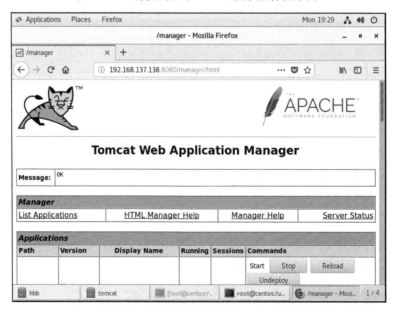

图 7-54　Tomcat 服务器管理控制台界面

2. IDEA 中配置 Tomcat

步骤 1：在 centos 节点，执行 "cd /usr/local/idea2018/bin" 命令，切换目录。执行 "./idea.sh"，启动 IDEA。新建一个 Java Web 应用程序 "jspdemo"，如图 7-55 所示。

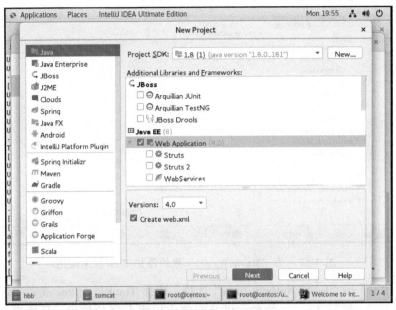

图 7-55 新建 Java Web 应用程序

在 "jspdemo" 工程中添加一个名称为 "MavenWeb01" 的 Maven 类型的 Module，如图 7-56 所示。

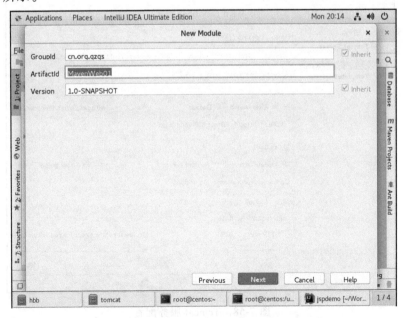

图 7-56 添加 Maven 类型的 Module

为"MavenWeb01"模块添加 Web 框架应用,如图 7-57 所示。

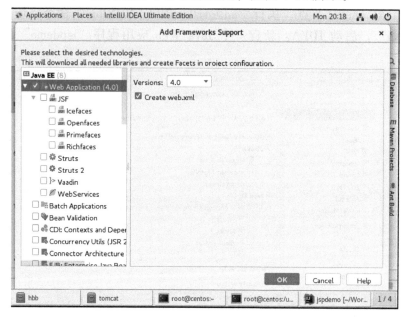

图 7-57 为"MavenWeb01"模块添加 Web 框架应用

单击"Run"→"Edit Configurations"选项,选择 TomEE Server 或者 Tomcat Server,接着选择 Local,填写 Tomcat 的名称以及配置应用服务器的位置,具体根据 Tomcat 的安装位置决定,其他位置使用默认值(设置要启动的浏览器以及端口号),如图 7-58 所示。

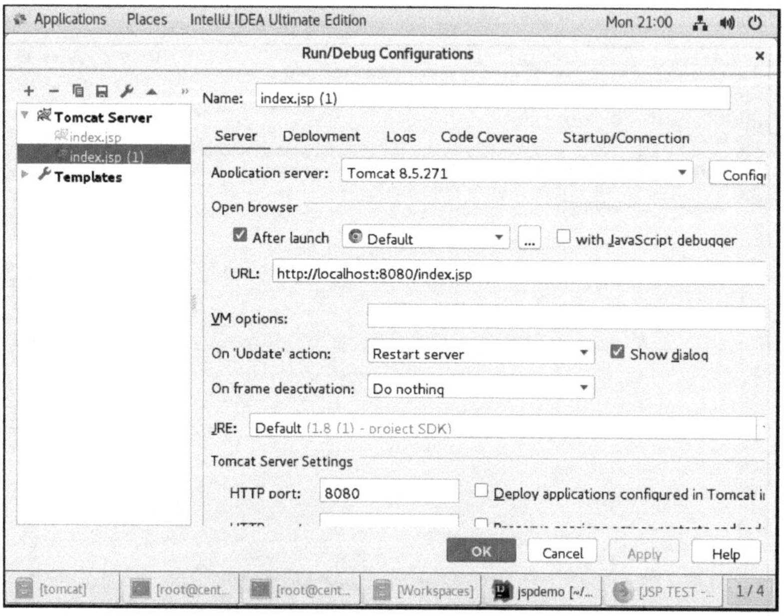

图 7-58 Tomcat 服务配置

接下来部署 Tomcat,如图 7-59 所示。

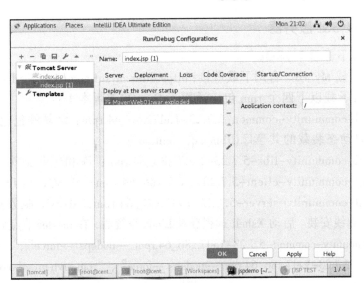

图 7-59 Tomcat 部署配置

步骤 2：编写 JSP 代码调试运行环境。光标定位到"MavenWeb01\web"文件夹，并在该包下创建文件 index.jsp，添加如下代码：

```jsp
<%@ page contentType="text/html;charset=UTF-8" language="java" %>
<html>
  <head>
    <title>JSP TEST</title>
  </head>
  <body>
    <h1 style="color: red">hello IDEA!</h1>
  </body>
</html>
```

测试运行结果如图 7-60 所示。

图 7-60 JSP 页面测试

7.4.6 部署 MySQL 服务器

1. Linux 下部署 MySQL

步骤 1：下载 MySQL。官网下载链接：https://dev.mysql.com/downloads/mysql/5.7.html#downloads，可下载以下四个 rpm 包（适用于 CentOS 7 版本）：

① mysql-community-common-5.7.23-1.el7.x86_64.rpm：该软件包包含某些语言和应用程序需要动态装载的共享库(libmysqlclient.so*)。

② mysql-community-libs-5.7.23-1.el7.x86_64.rpm：库和包含文件。

③ mysql-community-client-5.7.23-1.el7.x86_64.rpm：MySQL 客户端程序。

④ mysql-community-server-5.7.23-1.el7.x86_64.rpm：MySQL 服务器。

步骤 2：离线安装。启动 Xshell 远程登录 Linux 系统后，在 master 节点分别执行"rpm –ivh mysql-community-common-5.7.23-1.el7.x86_64.rpm --nodeps --force"、"rpm –ivh mysql-community-libs-5.7.23-1.el7.x86_64.rpm --nodeps --force"、"rpm –ivh mysql-community-client-5.7.23-1.el7.x86_64.rpm --nodeps --force"和"rpm –ivh mysql- community-server-5.7.23-1.el7.x86_64.rpm --nodeps --force"命令，进行离线安装，如图 7-61 所示。

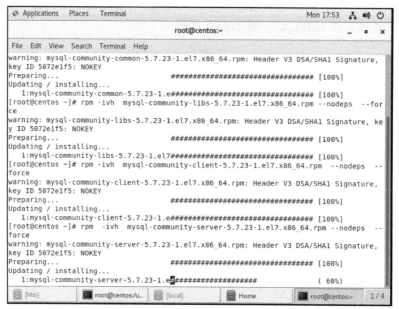

图 7-61　离线安装 MySQL

步骤 3：启动 MySQL。在 master 节点，执行"systemctl start mysqld.service"命令启动 MySQL 服务器，执行"systemctl status mysqld.service"命令可查看 MySQL 服务器启动状态，执行"systemctl enable mysqld.service"命令可设置 MySQL 服务器为自动开机启动，如图 7-62 所示。

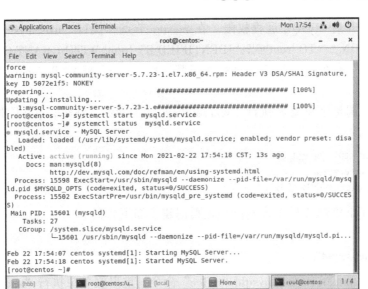

图 7-62　启动 MySQL

步骤 4：修改密码。在 master 节点，执行 "grep 'temporary password' /var/log/ mysqld.log" 命令，获得 root 账户初始安装密码 "*/PYD0ro7xJy"（该密码仅限本机实训演示）。执行 "mysql –u root –p" 命令，可输入该密码进行登录。如果需要使用低等级强度密码，可执行 "set global validate_password_policy=LOW;" 命令，设置密码的验证强度等级为 LOW。执行 "set global validate_password_length=4;" 命令，设置密码长度为 4 位。执行 "set password for 'root'@'localhost' = password('root');" 命令，重新设置新的简单密码为 "root"。执行 "SHOW VARIABLES LIKE 'validate_password%';" 命令，如图 7-63 所示。

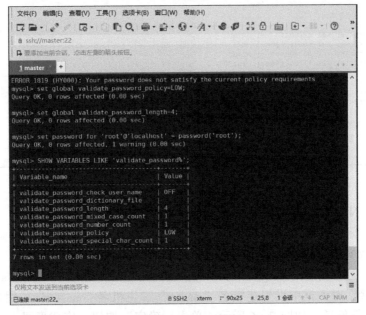

图 7-63　修改密码

步骤 5：开启 MySQL 远程权限。在 master 节点，执行"use mysql; GRANT ALL PRIVILEGES ON *.* TO 'root'@'%' IDENTIFIED BY 'root' WITH GRANT OPTION; FLUSH PRIVILEGES;"命令，授权任何远程主机都可以"root"账号和"root"密码远程登录 MySQL 服务器。

步骤 6：调整字符集。执行"vim /etc/my.cnf"命令，在[mysqld]下添加如下代码：

```
[mysqld]
collation_server=utf8_general_ci
character_set_server=utf8
default-storage-engine=INNODB
```

在[client]下添加（如果没有[client]则创建）如下代码：

```
[client]
default_character-set=utf8
```

执行"systemctl restart mysqld.service"命令，重启服务。执行"show variables like 'character_set_%';"命令，查看字符集编码是否一致，如图 7-64 所示。

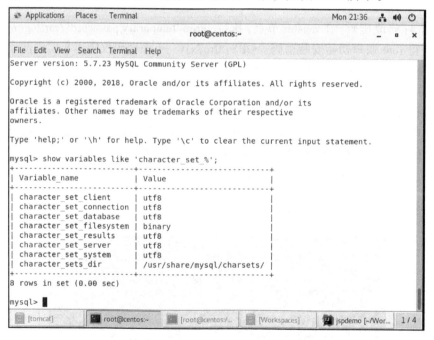

图 7-64　查看 MySQL 字符集编码是否一致

2. 安装 Navicat for MySQL

步骤 1：安装 Navicat for MySQL。Windows 系统下，按照 Navicat for MySQL 安装向导步骤，完成安装过程。安装成功后显示工作界面，如图 7-65 所示。

步骤 2：远程登录 MySQL 服务器。在主界面单击"连接"→"Mysql"，在弹出的"新建连接"对话框中设置连接名"master"、主机名"master"、用户名"root"、密码"root"等信息，如图 7-66 所示，单击"确定"按钮，完成登录。

实训 7 Hadoop 开发环境的安装和部署

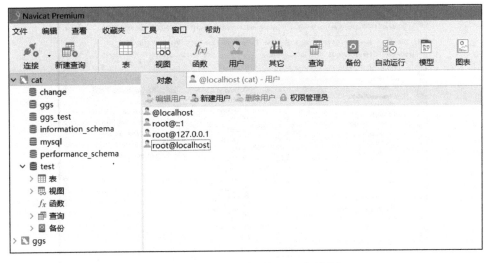

图 7-65 Navicat for MySQL 主界面

图 7-66 远程登录 MySQL 服务器

3. IDEA 中配置 MySQL

步骤 1：关联数据库。在"jspdemo"工程最右侧窗口中单击"Database"按钮，在弹出的菜单中选择"DataSource"→"MySQL"选项，如图 7-67 所示。

图 7-67 选择 "DataSource" → "MySQL" 选项

填写连接配置信息，如图 7-68 所示。

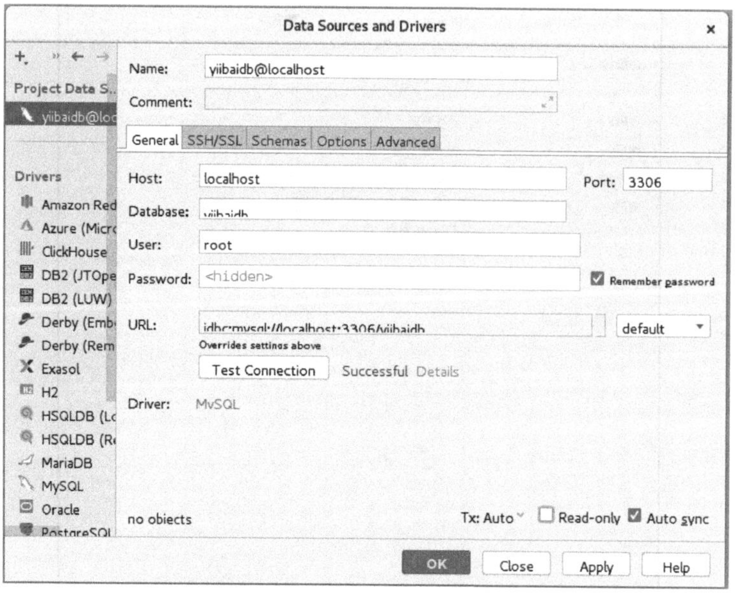

图 7-68 填写连接配置信息

配置 Database GUI 管理数据库功能。数据库的 GUI 工具有很多，IntelliJ IDEA 的 Database 也没有太明显的优势。IntelliJ IDEA 的 Database 最大特性就是对于 Java Web 项目来讲，对常使用的 ORM 框架，如 Hibernate、MYBatis 有很好的支持，比如配置好了 Database 之后，IntelliJ IDEA 会自动识别 domain 对象与数据表的关系，也可以通过 Database 的数据表直接生成 domain 对象等，如图 7-69 所示。

实训 7 Hadoop 开发环境的安装和部署

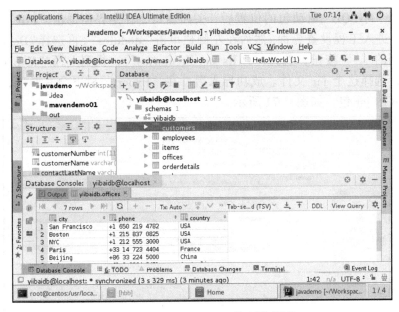

图 7-69 Database GUI 管理数据库

步骤 2：使用 JDBC 操作数据库。

导入驱动包到工程。在"Database"标签下，右击刚刚建立的数据源名，在弹出的快捷菜单中选择属性"Properties"，进入之前配置数据源的界面。单击"Driver"处的"MySQL"，查看驱动信息。查看驱动包在计算机中的位置，记下这个路径："/root/.IntelliJIdea2018.2/config/jdbc-drivers/MySQLConnector/J/5.1.47/mysql-connector-java-5.1.47.jar"和"/root/.IntelliJIdea2018.2/config/jdbc-drivers/MySQLConnector/J/5.1.47/mysql-connector- license.txt"方便后面导入这个 jar 包，如图 7-70 所示。

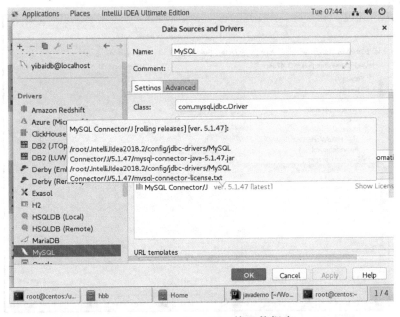

图 7-70 Database GUI 管理数据库

查看到"MySQL"驱动包的位置后，关闭窗口，在主界面单击"File"→"Project Structure"，进入工程设置界面。然后在左侧栏单击"Modules"，再选择"Dependencies"，再单击右侧的"+"按钮，选择"JARs or directories"，找到上面"MySQL"驱动jar包的位置，选择这个jar文件。成功导入后，在"Export"栏下会有两项，分别是jdk和刚刚导入的jar包，如图7-71所示。

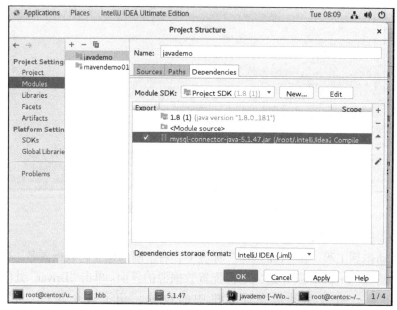

图 7-71　导入 MySQL 驱动包到工程

导入成功后，在工程目录 External Libraries 下面也会出现导入的驱动包名称，如图 7-72 所示。

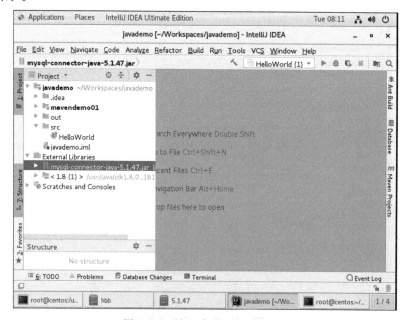

图 7-72　导入成功后显示界面

步骤 3：编写 Java 程序，使用 jdbc 操作数据库。

光标定位到"src/"文件夹，并在该包下创建文件 ConnMySQL.java（文件名需与类名一致），添加如下代码：

```java
import java.sql.DriverManager;
import java.sql.ResultSet;
import java.sql.SQLException;
import java.sql.*;

public class ConnMySQL {
    public static void main(String[] args) throws Exception {
        Connection conn = null;
        ResultSet rs=null;
        Statement stmt=null;
        try {
            //加载驱动类
            Class.forName("com.mysql.jdbc.Driver");
            long start =System.currentTimeMillis();

            //建立连接
            conn=DriverManager.getConnection("jdbc:mysql://localhost:3306/yiibaidb","root","root");
            long end=System.currentTimeMillis();
            System.out.println(conn);
            System.out.println("建立连接耗时： " + (end - start) + "ms 毫秒");

            //创建 Statement 对象
            stmt=conn.createStatement();

            //执行 SQL 语句
            rs = stmt.executeQuery("select customerNumber,customerName,contactLastName,contactFirstName from customers");
System.out.println("customerNumber\tcustomerName\tcontactLastName\tcontactFirstName");
            while (rs.next()) {
                System.out.println(rs.getInt(1) + "\t" + rs.getString(2) + "\t\t" + rs.getString(3) + "\t\t" + rs.getString(4));
            }


        } catch (SQLException e) {
            e.printStackTrace();
        } finally {
            try {
                if (rs != null) {
                    rs.close();
                }
            } catch (SQLException e) {
                e.printStackTrace();
            }
```

```
            try {
                if (stmt != null) {
                    stmt.close();
                }
            } catch (SQLException e) {
                e.printStackTrace();
            }
            try {
                if (conn != null) {
                    conn.close();
                }
            } catch (SQLException e) {
                e.printStackTrace();
            }
        }
    }
}
```

运行结果如图 7-73 所示。

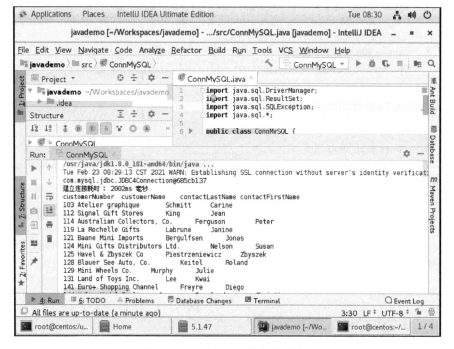

图 7-73　使用 jdbc 操作数据库

实训 8

综合案例 1——电信流量大数据分析统计

8.1 案例背景

Spark 是一种快速、通用、可扩展的大数据分析引擎，得到了 Hortonworks、IBM、Intel、Cloudera、MapR、Pivotal、百度、阿里、腾讯、京东、携程、优酷土豆等众多大数据公司的支持。当前百度的 Spark 已应用于凤巢、大搜索、直达号、百度大数据等业务；阿里利用 GraphX 构建了大规模的图计算和图挖掘系统，实现了很多生产系统的推荐算法；腾讯 Spark 集群达到 8000 台的规模，是当前已知的世界上最大的 Spark 集群。

本综合案例从实战的角度介绍了 Spark 的概念、内置模块、特点、下载和安装、重要角色，以及 Spark 大数据分析引擎在数据清洗项目方面的实战内容。旨在让学员能够快速了解掌握大数据分析引擎 Spark 在离线数据处理方面的实战应用。

本综合案例从优化词频统计和数据清洗两个项目入手，让学生掌握大数据分析引擎 Spark 在离线数据处理方面的实战应用。

8.2 优化词频统计项目

步骤 1：启动 Hadoop 之后，开启另一个 CRD 窗口，启动 spark-shell，如果正常启动，显示如图 8-1 所示。

```
spark-shell --master local[2]
```

图 8-1 Spark 启动成功

步骤 2：运行词频统计代码，并查看词频统计结果，如图 8-2 所示。

```
val inputData = sc.textFile("hdfs://192.168.137.101:8020/wordcount/input/big.txt")
inputData.flatMap(_.split(" ")).map((_, 1)).reduceByKey(_+_).collect
```

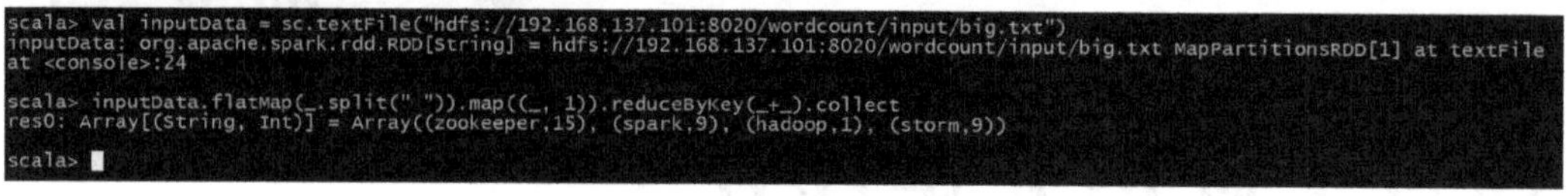

图 8-2　词频统计结果

步骤 3：登录 192.168.137.101:4040 查看程序运行情况，如图 8-3 所示。

图 8-3　Spark 程序运行情况

步骤 4：WordCount 程序分析。

①提交词频统计任务之后，Spark 程序运行流程如图 8-4 所示。

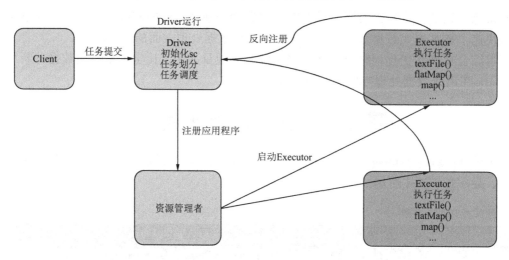

图 8-4　Spark 程序运行流程

②核心功能函数介绍：

textFile("input")：读取本地文件 input 文件数据。

flatMap(_.split(" "))：压平操作，按照空格分割符将一行数据映射成一个个单词。

map((_,1))：对每一个元素操作，将单词映射为元组。

reduceByKey(_+_)：按照 key 将值进行聚合，相加。

collect：将数据收集到 Driver 端展示。

8.3 使用 Spark 的 local 模式进行数据清洗 ETL 实战

步骤 1：上传数据文档 covid19.txt 到 HDFS 中（需要启动 Hadoop）。

上传需要分析的数据到 Linux 系统的/export/source 文件夹，如图 8-5 所示。

```
mkdir -p /export/source
cd /export/source/
rz –E
ll
```

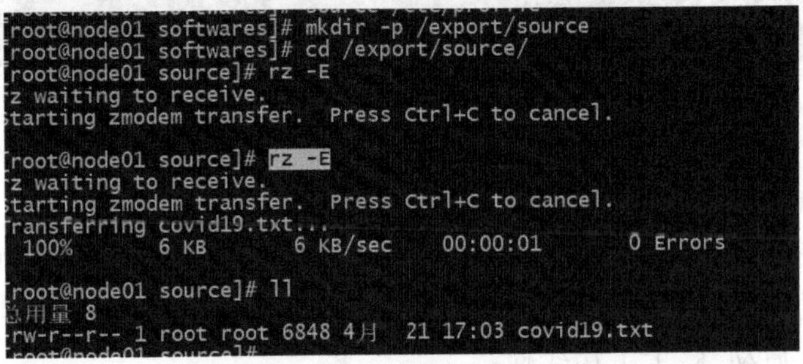

图 8-5　Linus 系统分析数据文件准备

步骤 2：创建 Hadoop 分布式文件系统 HDFS 的/export/source 文件夹用于存放 covid19.txt 文件，然后把 Linux 系统的 covid19.txt 文件上传到 Hadoop 分布式文件系统 HDFS，并查看是否成功，如图 8-6 所示。

```
hadoop dfs -mkdir -p /export/source
hadoop fs -put /export/source/covid19.txt /export/source
hadoop fs -ls /export/source
```

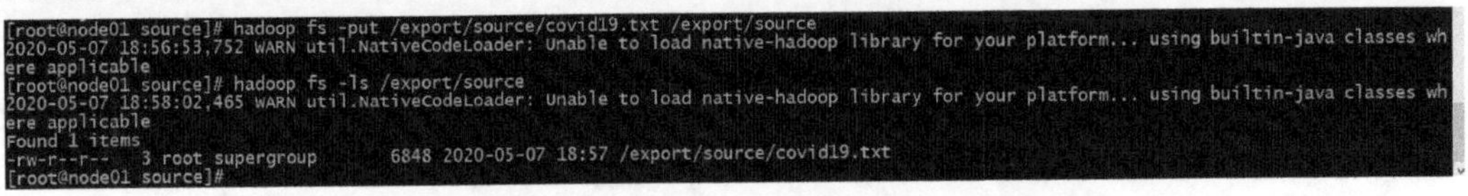

图 8-6　HDFS 分布式文件系统分析数据文件准备

步骤 3：通过浏览器查看分析数据文件准备情况，如图 8-7 所示。

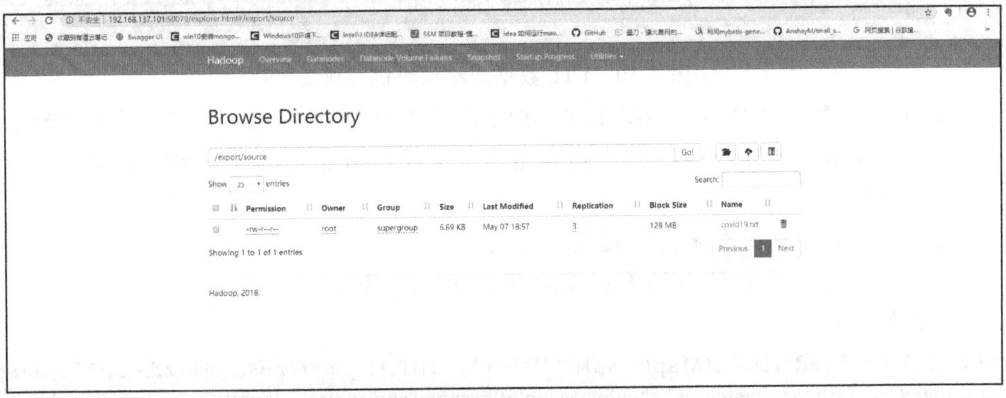

图 8-7　分析数据文件准备成功

Hadoop 大数据基础实训教程

步骤 4：通过 local 的方式启动 Spark，如图 8-8 所示。

```
spark-shell --master local[2]
```

```
[root@node01 source]# spark-shell --master local[2]
20/05/07 19:03:19 WARN NativeCodeLoader: Unable to load native-hadoop library for your platform... using builtin-java classes where applicable
Using Spark's default log4j profile: org/apache/spark/log4j-defaults.properties
Setting default log level to "WARN".
To adjust logging level use sc.setLogLevel(newLevel). For SparkR, use setLogLevel(newLevel).
Spark context Web UI available at http://node01.hadoop:4040
Spark context available as 'sc' (master = local[2], app id = local-1588849445784).
Spark session available as 'spark'.
Welcome to
      ____              __
     / __/__  ___ _____/ /__
    _\ \/ _ \/ _ `/ __/  '_/
   /___/ .__/\_,_/_/ /_/\_\   version 2.4.5
      /_/

Using Scala version 2.11.12 (Java HotSpot(TM) 64-Bit Server VM, Java 1.8.0_141)
Type in expressions to have them evaluated.
Type :help for more information.
scala>
```

图 8-8 local 的方式启动 Spark 成功

Local 模式是 Spark 最简单的一种运行方式，它采用单节点多线程方式运行，不用部署，开箱即用，适合日常测试开发。local 模式的几种启动方式如下：

- local：只启动一个工作线程。
- local[k]：启动 k 个工作线程。
- local[*]：启动跟 CPU 数目相同的工作线程数。

步骤 5：进入 spark-shell 后，执行 Scala 函数式编程代码通过 textFile 的方法从 HDFS 读取数据到 Spark 内存的 fileRDD 变量，如图 8-9 所示。

```
val fileRDD = sc.textFile("hdfs://192.168.137.101:8020/export/source/covid19.txt")
```

```
scala> val fileRDD = sc.textFile("hdfs://192.168.137.101:8020/export/source/covid19.txt")
fileRDD: org.apache.spark.rdd.RDD[String] = hdfs://192.168.137.101:8020/export/source/covid19.txt MapPartitionsRDD[1] at textFile at <console>:24
scala>
```

图 8-9 分析数据读取成功

步骤 6：执行数据清洗 etl 代码（去除标点符号、去除无用数据比如文献引用的数字标号 i、统一大小写等，观察数据想想还有哪些需要清洗），最终清洗后的数据存储到了 etlRDD 变量，如图 8-10 所示。

```
scala> val etlRDD = fileRDD.flatMap(_.split("\\W+")).filter(_.matches("^[a-zA-Z].*")).map(_.toLowerCase).filter(!_.matches("is|an|by|was|in|of|has|may|a|to|and|as|the|while|some|have|been|more|than|these|also|from|for|with|their|be|those|have|on|that|been|when|but|they|also|there|others|such|although|it|its|through|however|if|before|while|after|this|only|up|was|no|then|since|an|around|later|other|within|among|so|or|not|are|in|who|include|during|all|onset|first|range|over|caused|most|away|become|keeping|across|many|between"))
etlRDD: org.apache.spark.rdd.RDD[String] = MapPartitionsRDD[5] at filter at <console>:25
```

图 8-10 ETL 数据清洗代码执行成功

①使用 flatMap、"\\W+"正则表达式，抽取出文中全部字母、数字（去除了标点符号）。

②使用 filter、"^[a-zA-Z].*"正则表达式，去掉所有非字母开头的字符串（无用纯数字会被去除）。

③使用 map，将所有字符串转换为小写。

④使用 filter，去掉所有的无意义的停用词 Stop Word。

具体如下：

```
val etlRDD = fileRDD.flatMap(_.split("\\W+")).filter(_.matches("^[a-zA-Z].*")).map
(_.toLowerCase).filter(!_.matches("is|an|by|was|in|of|has|may|a|to|and|as|the|while|some|have|been|more|
than|these|also|from|for|with|their|be|those|have|on|that|been|when|but|they|also|there|others|such|althoug
```

h|were|being|it|its|through|however|if|before|while|after|this|only|up|was|no|then|since|an|around|later|other|within|among|so|or|not|are|in|who|include|during|all|onset|first|range|over|caused|most|away|become|keeping|across|many|between"))

步骤 7：切分单词。

上述操作已经切分好单词。

步骤 8：转化为 key/value pair RDD(单词, 1)的形式，如图 8-11 所示。

val mapRDD = etlRDD.map((_, 1))

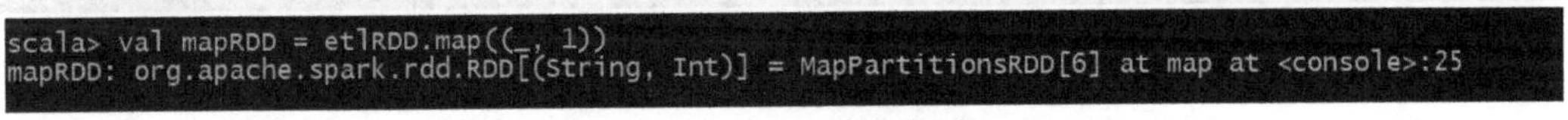

```
scala> val mapRDD = etlRDD.map((_, 1))
mapRDD: org.apache.spark.rdd.RDD[(String, Int)] = MapPartitionsRDD[6] at map at <console>:25
```

图 8-11　map 过程完成

步骤 9：将同一个单词的所有值相加，如图 8-12 所示。

val reduceRDD = mapRDD.reduceByKey(_ + _)

```
scala> val reduceRDD = mapRDD.reduceByKey(_ + _)
reduceRDD: org.apache.spark.rdd.RDD[(String, Int)] = ShuffledRDD[7] at reduceByKey at <console>:25
```

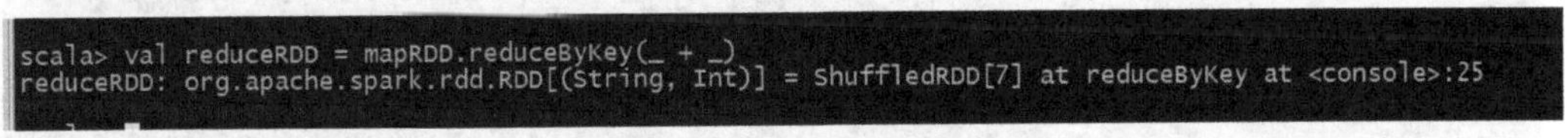

图 8-12　Reduce 过程完成

步骤 10：对词频统计结果排序，如图 8-13 所示。

val result = reduceRDD.sortBy(_._2, ascending = false)

```
scala> val result = reduceRDD.sortBy(_._2, ascending = false)
result: org.apache.spark.rdd.RDD[(String, Int)] = MapPartitionsRDD[12] at sortBy at <console>:25
```

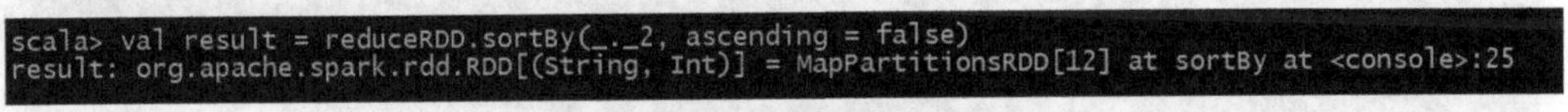

图 8-13　结果排序完成

步骤 11：先使用 coalesce 将最终结果划分至一个分区，以便于最终结果只有一个 part-00000 文件，通过 saveAsTextFile 的方法写入 HDFS 分布式文件系统，最后作为结果输出，将结果保存至 HDFS 分布式文件系统，如图 8-14 所示。

result.coalesce(1,true).saveAsTextFile("hdfs://192.168.137.101:8020/export/result")

```
scala> result.coalesce(1,true).saveAsTextFile("hdfs://192.168.137.101:8020/export/result")
```

图 8-14　输出文件完成

步骤 12：通过浏览器查看 HDFS 分布式文件系统里面的结果输出文件，如图 8-15 所示。

图 8-15　可视化界面查看输出文件

Hadoop 大数据基础实训教程

步骤 13：执行代码查看输出文件，保存至 HDFS 的 /export/result 路径下，part-00000 为输出结果文件，如图 8-16 所示。

Hadoop fs -ls /export/result

图 8-16　CMD 界面查看输出文件

步骤 14：查看这个结果输出文件，如图 8-17 所示。

hadoop fs -cat /export/result/part-00000

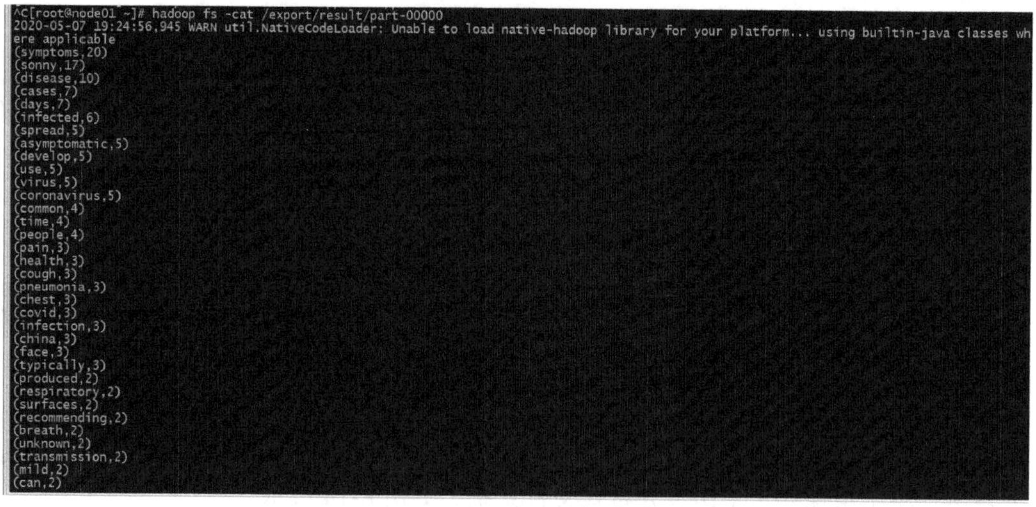

图 8-17　词频统计结果

步骤 15：使用 Spark 内存中的 result 变量做结果分析，求出出现频率最高的五个单词为 symptoms、sonny、disease、cases、days，如图 8-18 所示。

result.take(5).foreach(println)

图 8-18　分析结果 1

步骤 16：求出出现频率为 15 的单词，结果发现没有出现频率为 15 的单词，如图 8-19 所示。

```
result.filter(_._2 == 15).foreach(println)
```

```
scala> result.filter(_._2 == 15).foreach(println)
scala>
```

图 8-19　分析结果 2

步骤 17：求出出现频率为 9~13 之间的单词，出现频率为 9~13 之间的单词为 disease，出现频率为 10，如图 8-20 所示。

```
result.filter(x => x._2 >= 9 && x._2 <= 13).foreach(println)
```

```
scala> result.filter(_._2 == 15).foreach(println)
scala> result.filter(x => x._2 >= 9 && x._2 <= 13).foreach(println)
(disease,10)
scala>
```

图 8-20　分析结果 3

实训 9

综合案例 2——基于 Hadoop 的云盘信息管理系统的设计与实现

本综合案例是一个基于 HDFS 实现大数据文件存储的网络云盘，实现的功能主要包括文件上传下载、文件目录管理、回收站等，项目使用 HDFS 作为文件存储系统，文件的元数据则保存在 MySQL 数据库中。为保证元数据安全，采用高可用框架，通过 HDFS 和 MySQL 数据库的配合实现大数据的分布式存储和对文件系统元数据的快速读写。同时，对每个上传的文件计算 Hash 值，如果上传的文件在 HDFS 中已经存在，且 Hash 值与保存在元数据中的相同，则不去真正上传文件，而是只分配一个标识号，从而实现文件上传的秒传功能。

本综合案例主要涉及的技术和知识点如下：①Linux Shell 命令的使用；②Hadoop 集群安装配置；③Hadoop HDFS API 及 Thift 服务；④Java、JSP 技术；⑤MySQL 数据库的安装使用；⑥通过对文件 Hash 值的计算，实现文件上传的秒传功能；⑦Web 开发技术。

通过本综合案例，让学生具有企业级项目开发管理体验，要求学生采用面向对象的分析与设计方法，建立该项目的原型，设计合理的数据结构与算法，在知识、能力和素质等方面得到提升和锻炼，将达到如下目标：

①提高软件系统的设计能力，如需求分析、界面设计、数据库设计和功能设计。了解文档标准并完成文档的编写。

②熟悉软件开发、测试、构建环境，如 IntelliJ IDEA、Xshell、VMware WorkStation 12+等。

③掌握大数据开发技术和框架，能够独立搭建基于 Hadoop 的分布式开发环境；熟练使用 MapReduce 和 HDFS。

④掌握数据可视化技术，能够使用 Web 终端进行数据展示。

⑤了解常见的网盘技术选型及各自优缺点，掌握 HDFS 文件存储系统的使用，掌握常见文件上传处理技巧（如文件秒传功能）。

⑥锻炼程序调试的能力，从而具有一定的解决实际工程问题的分析、设计和实现能力。

⑦能够阅读和理解程序设计相关的英文文档。

⑧形成良好的编码习惯，培养团队开发和协同工作的意识，提高沟通能力和自我表达能力。

实训 9　综合案例 2——基于 Hadoop 的云盘信息管理系统的设计与实现

9.1　案例背景

云盘是一种互联网存储工具，可以让用户把文件、照片等资料通过网络存储到云上，随时随地访问，还可以很方便地将这些文件共享给其他人。近年来大数据技术的发展很快，不断有新的技术涌现，例如 Hadoop、Flink、Beam、Spark 等。Hadoop 的核心组件之一 HDFS 分布式文件存储系统，具有较强的容错能力，可以通过增加数据副本的方式来提高容错性，能够存储诸如吉比特（GB）、太比特（TB）级别及以上的海量数据，还可以搭建在廉价机器上，以低成本实现大数据的安全读写等特性。如果能利用 Hadoop HDFS 大数据技术实现一个校园网盘系统，可以较好地解决上述问题。

9.2　系统开发工具与技术

9.2.1　HDFS

HDFS 分布式文件系统采用 Master/Slave（主/从）结构，主要包括一个 NameNode、多个 DataNode 和一个 Secondary NameNode。其中 NameNode 主要用于操作文件和目录的 metadata（元数据），DataNode 用于存储文件，Secondary Name Node 用于在 NameNode 出现故障时，进行数据的恢复，因此通常部署在 NameNode 以外的机器。HDFS 架构及工作原理如图 9-1 所示。

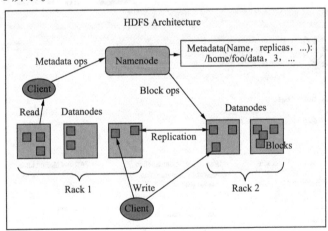

图 9-1　HDFS 架构

9.2.2　JSP 技术

JSP 全称 Java Server Page，是 Sun 公司创建的基于 Java 语言的服务器脚本技术。当用户使用客户端程序第一次访问 JSP 代码时，对应 JSP 文件被 JSP 容器翻译成（*.java）的 Java 源文件（Servlet 文件），Java 文件经过编译后生成对应的字节码文件（*.class），然后把字节码文件交给 Servlet 容器进行处理。Servlet 容器装载字节码文件，处理用户的请求，并把结果反馈给客户，如图 9-2 所示。

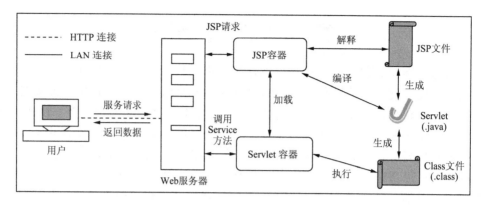

图 9-2　JSP 工作原理

9.2.3　Apache Tomcat 服务器

Apache Tomcat 是当前最流行的 Web 服务器，它兼容 JSP 和 Servlet 技术，为许多 Web 程序开发者提供了较好的选择，他们常常使用它进行 Web 程序调试。Tomcat 服务器不但能够编译 Web 静态页面，而且兼容动态页面，如图 9-3 所示。

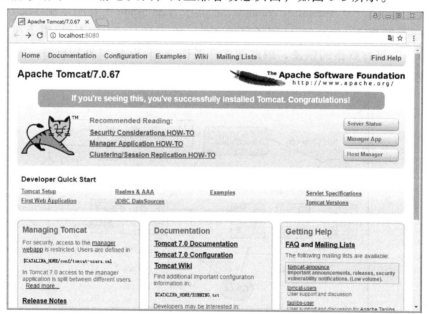

图 9-3　Apache Tomcat 服务器

9.2.4　MySQL 数据库

MySQL 是流行的关系型数据库之一，它具有免费开源、功能丰富、方便使用等特点，它以表的形式来存储数据，提高了用户查询数据和处理数据的速度，大大提升了开发者体验。另外，它资源占用少，具有 Java API、命令行等交互方式，开发者使用 SQL 语句进行数据的增删改查操作。这些特点使它成为许多开发者和公司存储数据的较优方案，如图 9-4 所示。

实训 9 综合案例 2——基于 Hadoop 的云盘信息管理系统的设计与实现

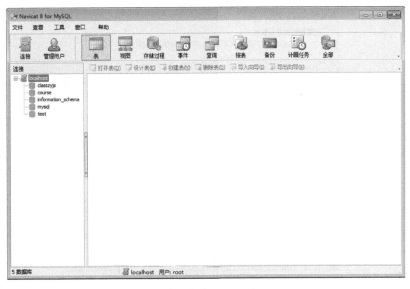

图 9-4　Navicat 连接 MySQL 数据库服务器

9.3　搭建开发环境

9.3.1　搭建 Hadoop 开发环境

1. 安装及配置 Linux 虚拟机

步骤 1：创建 Linux 虚拟机。

在 VMware 主页，单击新建虚拟机，如图 9-5 所示。

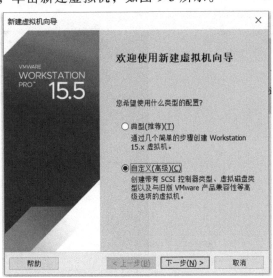

图 9-5　新建虚拟机

单击"下一步"按钮，进行内存、处理器、网络类型、硬盘大小等配置，如图 9-6 所示。

● 161 ●

图 9-6　虚拟机配置

步骤 2：安装 Linux 系统。

使用光驱加载 ISO 映像文件。选择"CD/DVD"和"使用 ISO 映像文件"，单击"浏览"按钮，加载事先准备的 CentOS 7 镜像文件，勾选"启动时连接"复选框，如图 9-7 所示，单击"确定"按钮。

图 9-7　加载 ISO 映像文件

开启虚拟机。Linux 系统开始安装，如图 9-8 所示。设置主机名为 hadoop-001。等待系统安装完毕后重启系统。

实训 ⑨ 综合案例 2——基于 Hadoop 的云盘信息管理系统的设计与实现

图 9-8　Linux 系统安装

步骤 3：配置固定 IP。

打开 Linux 系统终端，使用命令"vim /etc/sysconfig/network-scripts/ifcfg-eth0"修改 IP 配置文件 ifcfg-eth0，如图 9-9 所示。

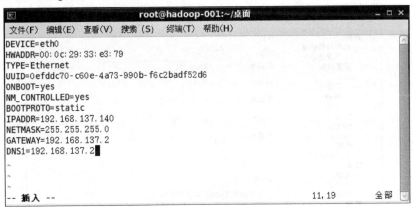

图 9-9　修改固定 IP

步骤 4：关闭防火墙。

打开 Linux 系统终端，输入以下命令关闭防火墙，如图 9-10 所示。

[root@hadoop-001 ~]# service iptables status
[root@hadoop-001 ~]# service iptables stop
[root@hadoop-001 ~]# chkconfig iptables off

Hadoop 大数据基础实训教程

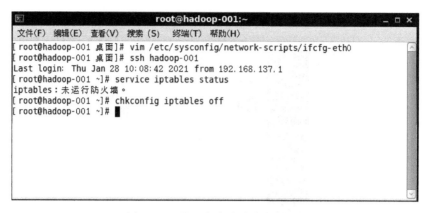

图 9-10　设置防火墙为永久关闭

步骤 5：安装 Xmanager 并连接 Linux 集群。

访问 Xmanager 官网，下载 Xmanager 安装程序 Xme5.exe，双击 Xme5.exe，设置配置信息进行安装。

安装完成，打开 Xshell，单击"文件"菜单，选择"新建"命令创建会话。输入机器名、IP 地址等信息，如图 9-11 所示，选择"用户身份验证"，输入用户名、密码，如图 9-12 所示。单击"确定"按钮。

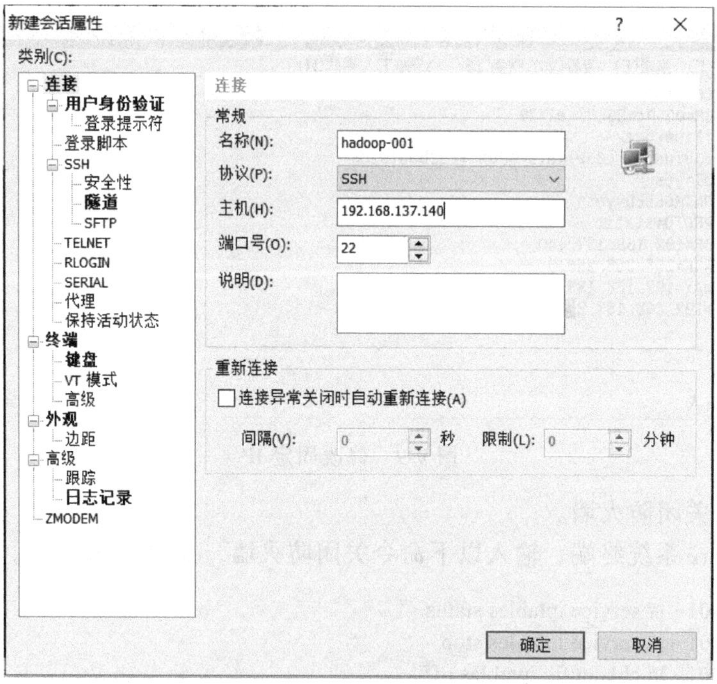

图 9-11　设置连接属性

图 9-12　用户身份认证

连接 Linux 集群，选择"文件"→"打开"命令，打开"会话"窗口，选中"hadoop-001"，单击连接，连接完成。重复步骤连接集群的其他节点 hadoop-002、hadoop-003 和 hadoop-004。

2．安装 Java

（1）Windows 下安装 Java

在 Oracle 官网下载 JDK 安装包，解压到 D 盘，配置环境变量 JAVAHOME 和 Path。JAVA_HOME 的值为"D:\jdk1.8.0_221"，如图 9-13 所示，Path 添加的值为"D:\jdk1.8.0_221\bin"，如图 9-14 所示。

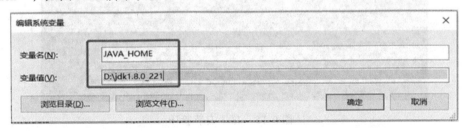

图 9-13　环境变量 JAVA_HOME 配置

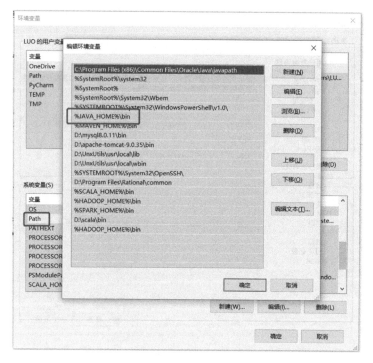

图 9-14 环境变量 Path 配置

配置完成，打开命令行输入"java –version"命令，若输出 Java 版本信息，则安装成功，如图 9-15 所示。

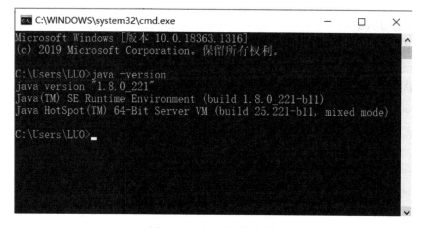

图 9-15 Java 安装验证

（2）在 Linux 下安装 Java

先卸载系统自带的 JDK，然后上传 JDK 安装包到虚拟机 hadoop-001，使用命令"rpm -ivh jdk-8u181-linux-x64.rpm"，安装 JDK。使用命令"vim /etc/profile"打开配置文件，配置环境变量 JAVAHOME 和 Path，如图 9-16 所示。

配置完成，执行命令"java –version"，若输出 Java 版本信息，则安装成功，如图 9-17 所示。

图 9-16　配置环境变量

图 9-17　Java 安装验证

3．搭建 Hadoop 完全分布式集群

步骤 1：安装和配置 Hadoop。

上传 Hadoop 安装包到虚拟机 hadoop-001，解压安装包到/usr/local 目录下。

修改以下七个配置文件：core-site.xml、hadoop-env.sh、yarn-env.sh、mapred-site.xml、yarn-site.xml、slaves、hdfs-site.xml。这里介绍 Hadoop 核心配置文件 core-site.xml 的配置，其他文件配置不一一赘述。

进入目录/usr/local/hadoop/etc/hadoop/，这里存放 Hadoop 的配置文件，执行命令"vim core-site.xml"，修改 fs.defaultFS 中的主机名为 hadoop-001，hadoop.tmp.dir 配置的是 Hadoop 的临时文件位置，如图 9-18 所示。

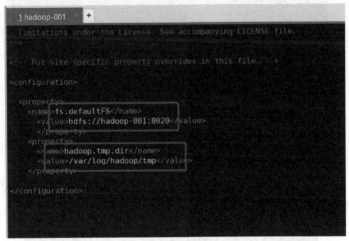

图 9-18　修改配置文件 core-site.xml

步骤 2：设置 host 映射。

使用命令"vim /etc/hosts"，添加映射。本集群共四个节点，分别为 hadoop-001、hadoop-002、hadoop-003、hadoop-004。其 IP 与机器名映射如图 9-19 所示。

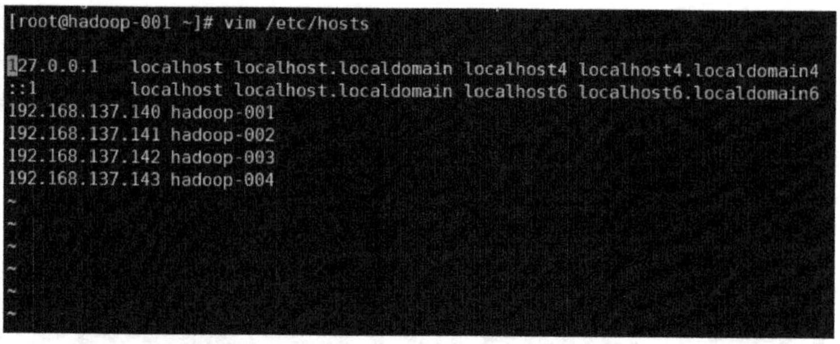

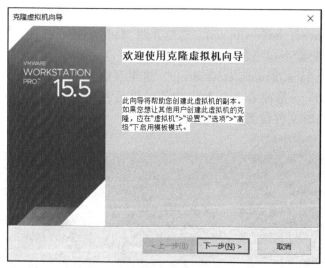

图 9-19　host 映射

步骤 3：克隆虚拟机。

在虚拟机 hadoop-001 上配置完成 Hadoop，关闭虚拟机，打开 VMware 虚拟机工作界面，选中 hadoop-001，右击并在弹出的快捷菜单中选择"管理"→"克隆"命令，按集群部署规划，分别克隆 hadoop-002、hadoop-003、hadoop-004 虚拟机，如图 9-20 所示。

图 9-20　克隆虚拟机

开启虚拟机 hadoop-002，修改相关配置。打开 ifcfg-eth0 文件配置 IP，使用命令"vim /etc/sysconfig/network"修改机器名，如图 9-21 所示。

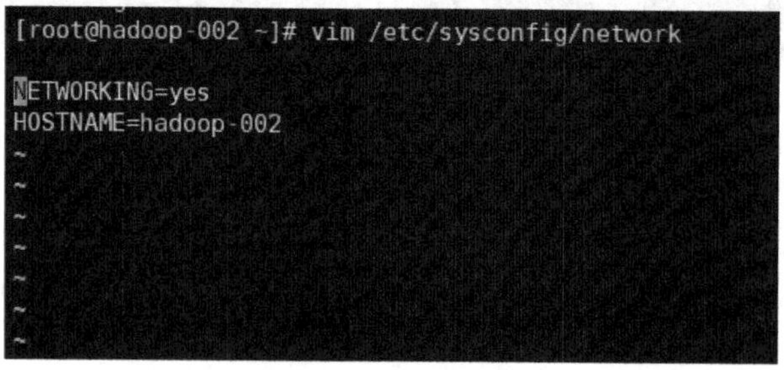

图 9-21　修改机器名

重复克隆 Hadoop-002 的步骤，克隆 hadoop-003、hadoop-004，并修改相关配置。
步骤 4：配置 SSH 免密码登录。配置完成界面如图 9-22 所示。

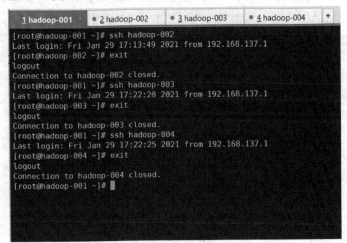

图 9-22　配置 SSH 免密码登录

步骤 5：配置时间同步服务。配置完成界面如图 9-23 所示。

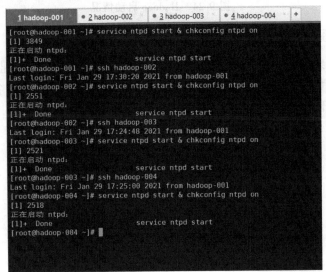

图 9-23　配置时间同步服务

步骤 6：启动和关闭 Hadoop。
①配置环境变量。打开 profile 文件配置环境变量 HADOOP_HOME 和 PATH。
②格式化 NameNode。使用命令"hdfs namenode –format"格式化 NameNode。
③启动 Hadoop。进入 Hadoop 安装目录 sbin，执行命令"./start-all.sh"启动 Hadoop。使用"jps"命令查看启动情况，如图 9-24 所示。

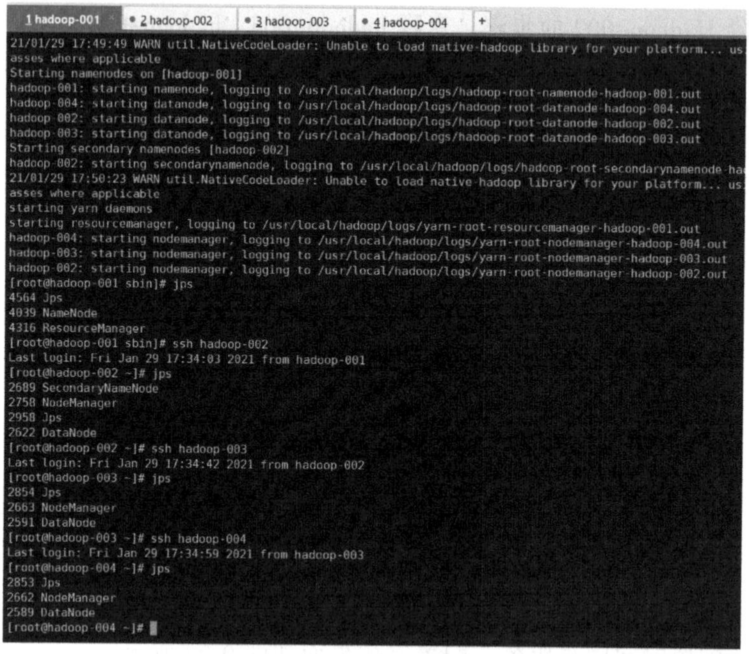

图 9-24　Hadoop 启动情况

9.3.2　安装和配置开发工具

步骤 1：安装 MySQL。从官网下载安装包，解压到任意目录，配置环境变量。

步骤 2：初始化配置。在安装目录下，新建 txt 文本文件，重命名为 my，扩展名修改为 ini，打开文件输入图 9-25 所示参数，保存文件。

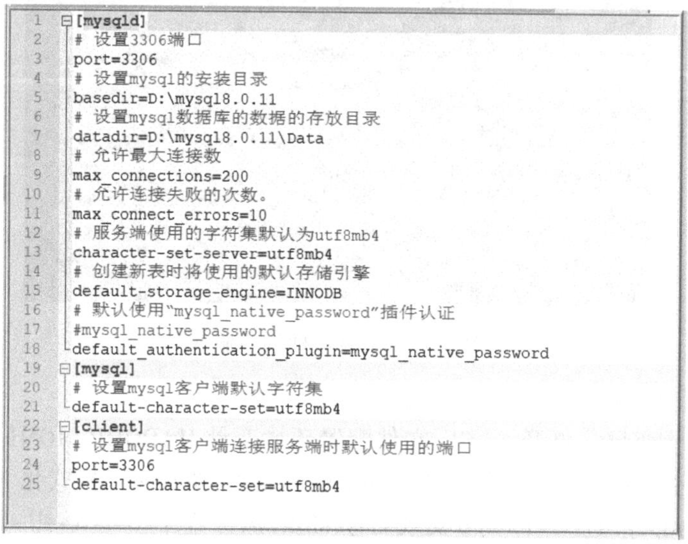

```
[mysqld]
# 设置3306端口
port=3306
# 设置mysql的安装目录
basedir=D:\mysql8.0.11
# 设置mysql数据库的数据的存放目录
datadir=D:\mysql8.0.11\Data
# 允许最大连接数
max_connections=200
# 允许连接失败的次数。
max_connect_errors=10
# 服务端使用的字符集默认为utf8mb4
character-set-server=utf8mb4
# 创建新表时将使用的默认存储引擎
default-storage-engine=INNODB
# 默认使用"mysql_native_password"插件认证
#mysql_native_password
default_authentication_plugin=mysql_native_password
[mysql]
# 设置mysql客户端默认字符集
default-character-set=utf8mb4
[client]
# 设置mysql客户端连接服务端时默认使用的端口
port=3306
default-character-set=utf8mb4
```

图 9-25　配置 my.ini 文件

步骤 3：初始化 MySQL。以管理员身份打开命令行，进入 MySQL 安装目录下的 bin 目录，执行命令“mysqld --initialize –console”初始化 MySQL。

实训 ❾ 综合案例 2——基于 Hadoop 的云盘信息管理系统的设计与实现

步骤 4：安装 MySQL 并启动 MySQL 服务。在命令行输入命令 "mysqld –install" 安装 MySQL 服务。输出 "Service successfully installed."，表示安装成功。执行 "net start mysql" 命令启动 MySQL 服务，如图 9-26 所示。

图 9-26 启动 MySQL 服务

步骤 5：创建 Meven 项目 HDFSDemo，并添加相关依赖，引入项目所需 jar 包。创建包 com.lgr.hdfs，在包下创建类 HdfsTest，编写代码，使用 HDFS Java API 创建文件夹 test。代码如图 9-27 所示。

步骤 6：运行成功，在浏览器中访问 "http://hadoop–001:50070/explorer.html#/"，存在文件夹 test，测试成功，如图 9-28 所示。

```java
public class HdfsTest{
    @Test
    public static void main(String[] args) throws URISyntaxException,Exception,IOException {
        Configuration configuration = new Configuration();
        // 连接集群
        FileSystem fs = FileSystem.get(new URI("hdfs://hadoop-001:8020"), configuration, "root");
        // 创建目录
        fs.mkdirs(new Path("/test"));
        // 关闭资源
        fs.close();
        System.out.print("测试结束！");
    }
}
```

图 9-27 编写测试程序代码

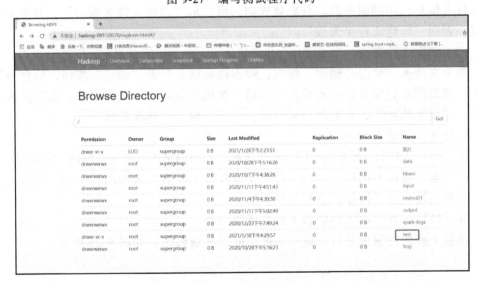

图 9-28 验证测试结果

9.4 系统分析

功能需求描述：

1. 用户管理
①用户角色：管理员、教师和学生。
②用户注册：用户在注册界面输入用户名、密码进行注册。
③用户登录：用户在登录界面输入用户名、密码进行登录。

2. 文件管理
（1）上传文件

在系统首页，用户单击"上传"按钮，系统响应打开资源管理器，用户选择文件或文件夹，单击"开始上传"，文件开始传输。传输任务结束后，若传输成功，显示"上传成功"，在 Linux 服务器的文件系统上传相应文件，并更新当前所在目录；否则，提示"上传失败"。

（2）下载文件

选择需下载的文件或文件夹，单击"下载"按钮，系统按照预先选择的下载路径进行下载。下载任务结束后，若下载成功，显示"下载成功"，返回当前所在目录页面；否则，提示"下载失败"。

（3）删除文件

选择需要删除的文件，单击"删除"图标按钮；弹出删除提示框，单击"确定"按钮，继续删除操作，否则结束删除操作；后台操作该删除文件，数据同步到服务器；若删除成功，则提示"删除成功"，并更新当前目录。否则，提示"删除失败"。

3. 文件夹管理
（1）新建文件夹

在系统首页，单击"新建文件夹"命令，输入文件夹名称，单击"确定"按钮，新文件夹信息同步到服务器。若新建成功，则显示"新建文件夹成功"，并更新当前目录；否则"新建文件夹失败"。

（2）删除文件夹

选中文件夹，单击"删除"按钮，弹出提示框，单击"确定"按钮，后台删除文件夹，数据同步到服务器；若单击"取消"按钮则取消本次删除操作。若删除成功，则提示"删除成功"，并更新当前目录；否则，提示"删除失败"。

系统非功能需求如下：
①性能：客户端一般响应时间不超过 3 秒，如遇网络或其他特殊原因，需及时提示。
②权限：根据不同用户角色，设置相应权限，没有权限的用户禁止使用系统。
③易用性：易于操作，重视用户体验。
④兼容性：客户端能够兼容多种主流浏览器。

根据上前面的需求分析，设计系统功能层次结构图，如图 9-29 所示。

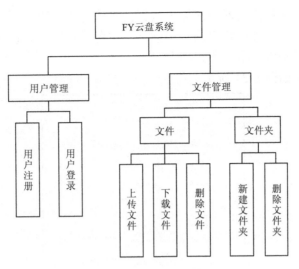

图 9-29 功能层次结构图

系统技术架构方面，Web 端使用 MVC 的设计模式，由 JSP、Servlet、JQuery、AJAX 等实现前端访问，服务器端用 Java 技术实现服务层与数据访问层的编写。

使用 HDFS、HBase 作为文件存储系统，而文件的元数据则保存在 MySQL 数据库中，并且为保证 MySQL 的元数据安全，MySQL 采用高可用框架，通过 HDFS 和 MySQL 数据库的配合实现大数据的分布式存储，又实现对文件系统元数据的快速读写，如图 9-30 所示。

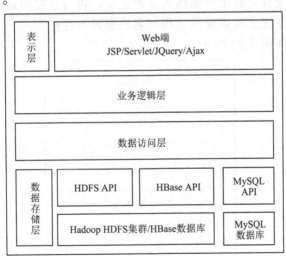

图 9-30 系统技术架构

9.5 系统设计

1．用户管理模块

（1）用户注册

输入：用户名称、手机号码、电子邮箱、用户密码。

系统处理：系统首先判断用户输入数据的格式是否正确，再进行数据的存储。

输出：若输入的信息格式正确，则输出"注册成功"，并跳转到登录页面；否则提示"用户名称或密码等格式不正确"。

用户注册界面如图 9-31 所示。

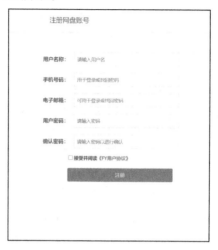

图 9-31　用户注册界面

（2）用户登录

输入：用户名称、用户密码。

系统处理：系统首先验证数据格式是否正确，再与数据库进行匹配。

输出：跳转到系统主页或显示"用户名或密码不存在"。

用户登录界面如图 9-32 所示。

图 9-32　用户登录界面

2．文件管理模块

（1）文件上传

用户上传文件后，文件数据块存入 Hadoop，文件大小、扩展名等元数据信息存入数据库，并输出"文件上传成功"或"文件上传失败"提示信息，如图 9-33 所示。

实训 9　综合案例 2——基于 Hadoop 的云盘信息管理系统的设计与实现

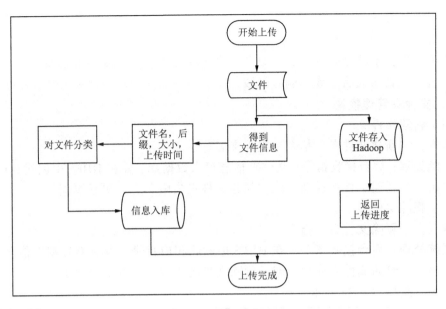

图 9-33　文件上传流程

（2）文件下载

用户单机下载文件后，系统首先从 MySQL 获取匹配的文件信息，从 Hadoop 中下载文件，并返回下载进度，向用户输出"下载成功"或"下载失败"，如图 9-34 所示。

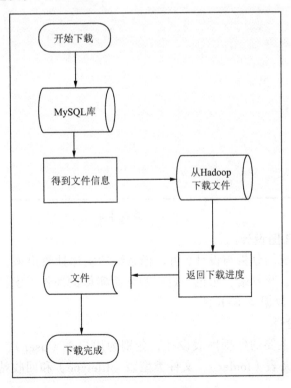

图 9-34　文件下载流程

（3）文件删除

输入："删除"指令。

系统处理：系统接收指令，从服务器中删除文件，并更新当前目录。

输出："删除成功"或"删除失败"。

3．文件夹管理模块

（1）新建文件夹

输入："新建文件夹"指令，文件夹名称。

系统处理：后台接收指令，文件夹信息存入数据库，并在 HDFS 中创建相应目录。

输出："新建文件夹成功"或"新建文件夹失败"，并更新页面。

（2）删除文件夹

输入："删除文件夹"指令

系统处理：后台接收指令，在 HDFS 中删除相应目录，并更新数据库信息。

输出："删除文件夹成功"或"删除文件夹失败"，并更新页面。

系统主页如图 9-35 所示。

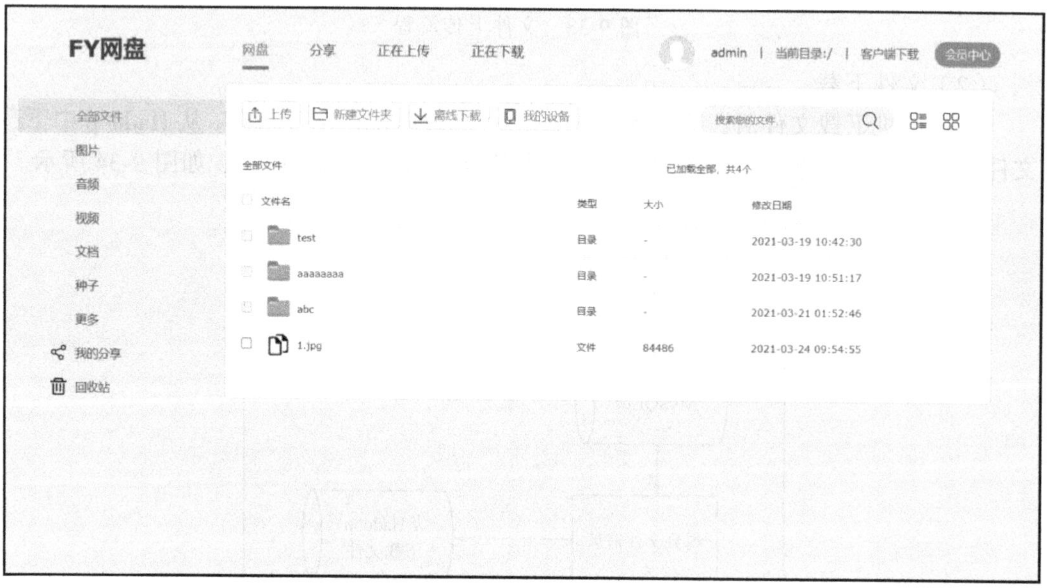

图 9-35　系统主页

4．数据库 E-R 图设计

根据前面对系统的分析与设计，可以把系统的实体抽象出来，分别为用户、文件、文件夹、文件类型、回收站、角色，进一步分析实体的属性、实体间的关系，可以得出如图 9-36 所示的数据库 E-R 图。

5．数据库表设计

本节给出系统主要的数据库表设计，分别为用户表（user）、角色表（role）、文件表（file）、文件夹表（folder）、文件类型表（filetype）和回收站表（recycle）。

(1)用户表(user)(见表 9-1)

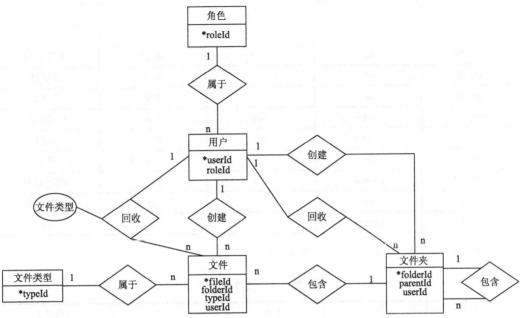

图 9-36 数据库 E-R 图

表 9-1 用户表

列名	类型	长度	约束	功能描述
userId	int		主键、非空	用户 ID
userName	varchar	100	唯一、非空	用户名
password	varchar	100	非空	密码
roleId	int		非空	角色 ID
isVip	varchar	10	默认值"否"	是否 VIP
status	int		默认值"1"	状态

(2)角色表(role)(见表 9-2)

表 9-2 角色表

列名	类型	长度	约束	功能描述
roleId	int		主键、非空	角色 ID
roleName	varchar	20	非空	角色名称
status	int		默认值"1"	状态

(3)文件表(file)(见表 9-3)

表 9-3 文件表

列名	类型	长度	约束	功能描述
fileId	int		主键、非空	文件 ID

续表

列名	类型	长度	约束	功能描述
fileName	varchar	100	非空	文件名称
folderId	int		非空	文件夹 ID
typeId	int		非空	类型 ID
userId	int		非空	用户 ID
createTime	varchar	100	非空	创建时间
owner	varchar	20	非空	拥有者
status	int		默认值：1	状态
hdfsPath	varchar	200	非空	HDFS 路径
fileSize	int		默认值：0	文件大小
mark	varchar	200		备注

（4）文件夹表（folder）（见表 9-4）

表 9-4 文件夹表

列名	类型	长度	约束	功能描述
folderId	int		主键	文件夹 ID
folderName	varchar	100		文件夹名称
parentId	int		非空	父目录 ID
hdfsPath	varchar	200	非空	HDFS 路径
owner	varchar	20	非空	拥有者
userId	int		外键、非空	文件夹创建者
createTime	varchar	100	非空	创建时间
status	int		默认值：1	状态
mark	varchar	200		备注

（5）文件类型表（filetyper）（见表 9-5）

表 9-5 文件类型表

列名	类型	长度	约束	功能描述
typeId	int		主键	文件类型 ID
typeName	varchar	20	非空	文件类型名称
extension	varchar	20	非空	扩展名
mark	varchar	200		备注

（6）回收站表（recycle）（见表 9-6）

表 9-6　回收站表

列名	类型	长度	约束	功能描述
fileId	int		主键	文件 ID
fileName	varchar	100	非空	文件名
folderId	int		非空	文件夹 ID
typeId	int		非空	文件类型 ID
userId	int		非空	创建者
deleteTime	varchar	200	非空	删除时间
owner	varchar	20	非空	拥有者
status	Int		默认值：1	状态
hdfsPath	varchar	200	非空	HDFS 路径
fileSize	Int		默认值：0	文件大小
mark	varchar	200		备注

9.6　部分模块代码实现

1. 登录模块

```java
@WebServlet("/login.do")
public class LoginServlet extends HttpServlet {
    private static final long serialVersionUID = 1L;
    protected void doGet(HttpServletRequest request, HttpServletResponse response)
            throws ServletException, IOException {
        HttpSession session = request.getSession();
        if (session.getAttribute("user") == null) {
            response.sendRedirect("login.jsp");
        }
        response.sendRedirect("index.do");
    }

    protected void doPost(HttpServletRequest request, HttpServletResponse response)
            throws ServletException, IOException {

        String username = request.getParameter("username");
        String password = request.getParameter("password");
        UserService userSvc = new UserService();
        User user = userSvc.login(username, password);
        if (user != null && username.equals(user.getUserName())) {
            HttpSession session=request.getSession();
            session.setAttribute("user", user);
            response.sendRedirect("index.do"); //index.jsp
        } else {
            response.getWriter().write(
                    "<script>alert('用户名或密码错误，请再次尝试');"
```

```
                    + "window.location='login.jsp'</script>");
        }
    }
}
```

2. 注册模块

```java
@WebServlet("/register.do")
public class RegisterServlet extends HttpServlet {
    private static final long serialVersionUID = 1L;

    protected void doGet(HttpServletRequest request, HttpServletResponse response)
            throws ServletException, IOException {
        // TODO Auto-generated method stub
        this.doPost(request, response);
    }

    protected void doPost(HttpServletRequest request, HttpServletResponse response)
            throws ServletException, IOException {

        String username = request.getParameter("username");
        String password = request.getParameter("password");
        UserService userSvc = new UserService();
        User user = new User();
        user.setUserName(username);
        user.setPassword(password);
        user.setIsVip("N");
        user.setRoleId(3);
        user.setStatus(1);
        if (!userSvc.userExists(username)) {
            boolean result = userSvc.register(user);
            if (result) {
                response.getWriter().write("<script>alert('注册成功');"
                        + "window.location='login.jsp'</script>");
            } else {
                response.getWriter().write("<script>alert('注册失败,请重试');"
                        + "window.location='register.jsp'</script>");
            }
        } else {
            response.getWriter().write("<script>alert('用户名不可用');"
                    + "window.location='register.jsp'</script>");
        }
    }
}
```

3. 文件上传下载模块核心代码

（1）上传模块

```java
if ("upload".equals(type)) {
    Folder currentFolder = (Folder) session
            .getAttribute("currentFolder");
    User user = (User) session.getAttribute("user");
```

```java
String fileName = localPath
        .substring(localPath.lastIndexOf("\\") + 1);
final String hdfsPath = currentFolder.getHdfsPath().equals("/") ? "/"
        + fileName
        : currentFolder.getHdfsPath() + "/" + fileName;
SimpleDateFormat sdf = new SimpleDateFormat("yyyy-MM-dd hh:mm:ss");
String createTime = sdf.format(new Date());
java.io.File f = new java.io.File(localPath);
int fileSize = (int) f.length();
final File file = new File();
file.setFileName(fileName);
file.setFolderId(currentFolder.getFolderId());
file.setTypeId(1);
file.setUserId(user.getUserId());
file.setCreateTime(createTime);
file.setOwner(user.getUserName());
file.setHdfsPath(hdfsPath);
file.setFileSize(fileSize);

final FileUploadDownloadEntity fudEntity = new FileUploadDownloadEntity();
List<FileUploadDownloadEntity> fudEntityList = null;
if (session.getAttribute("uploadFileList") == null) {
    fudEntityList = new ArrayList<FileUploadDownloadEntity>();
} else {
    fudEntityList = (List<FileUploadDownloadEntity>) session
            .getAttribute("uploadFileList");
}
fudEntityList.add(fudEntity);
System.out.println(fudEntityList.size());
session.setAttribute("uploadFileList", fudEntityList);

new Thread(new Runnable() {
    @Override
    public void run() {
        System.out.println(localPath);
        System.out.println(hdfsPath);
        // 向 HDFS 上传文件
        boolean res = hu.uploadFile(localPath, hdfsPath,
                new DownloadCallback() {
                    @Override
                    public void progress(int fileSize, int total,
                            int current) {
                        // TODO Auto-generated method stub
                        fudEntity.setUdName(localPath);
                        fudEntity.setUdPath(hdfsPath);
                        fudEntity.setUdSize(fileSize);
                        fudEntity.setUdProcess((float) total
                                / (float) fileSize * 100 + "%");
                    }
                });
```

```java
                    // HDFS 上传文件成功后,再将文件信息写入数据库中
                    if (res) {
                        boolean tmp = fileSvc.uploadFile(file);
                        if (tmp) {
                            System.out.println("上传成功");
                        } else {
                            System.out.println("上传文件信息失败");
                        }
                    } else {
                        System.out.println("上传文件失败");
                    }
                }
            }).start();

            response.sendRedirect("fileupload.jsp");
        }
```

(2)下载模块

```java
if ("download".equals(type)) {
    // 查看所有磁盘占用情况,在磁盘占用较小的磁盘上创建目录,如: E:/FYCloudDisk/
    java.io.File iofile = null;
    java.io.File[] dirs = java.io.File.listRoots();
    for (int i = 0; i < dirs.length - 1; i++) {
        for (int j = 0; j < dirs.length - i - 1; j++) {
            if (dirs[j].getFreeSpace() < dirs[j + 1].getFreeSpace()) {
                iofile = dirs[j];
                dirs[j] = dirs[j + 1];
                dirs[j + 1] = iofile;
            }
        }
    }
    // System.out.println(dirs[0]+"abccc");
    String mkDir = dirs[0] + "FYCloudDisk";
    iofile = new java.io.File(mkDir);
    if (!iofile.exists()) {
        iofile.mkdirs();
    }

    int fileId = Integer.parseInt(request.getParameter("fileId"));
    final String hdfsPath = fileSvc.getFileById(fileId).getHdfsPath();
    final String savePath = mkDir
            + hdfsPath.substring(hdfsPath.lastIndexOf("/"));
    // System.out.println(savePath);
    // 文件名、下载路径、大小、进度、状态
    final FileUploadDownloadEntity fudEntity = new FileUploadDownloadEntity();
    List<FileUploadDownloadEntity> fudEntityList = null;
    if (session.getAttribute("downloadFileList") == null) {
        fudEntityList = new ArrayList<FileUploadDownloadEntity>();
    } else {
        fudEntityList = (List<FileUploadDownloadEntity>) session
```

```
            .getAttribute("downloadFileList");
    }
    fudEntityList.add(fudEntity);
    System.out.println(fudEntityList.size());
    session.setAttribute("downloadFileList", fudEntityList);
    // System.out.println(hdfsPath);
    new Thread(new Runnable() {
        @Override
        public void run() {
            hu.downloadFile(savePath, hdfsPath, new DownloadCallback() {
                @Override
                public void progress(int fileSize, int total,
                        int current) {
                    // TODO Auto-generated method stub
                    fudEntity.setUdName(hdfsPath);
                    fudEntity.setUdPath(savePath);
                    fudEntity.setUdSize(fileSize);
                    fudEntity.setUdProcess((float) total
                            / (float) fileSize * 100 + "%");
                }
            });
        }
    }).start();
    response.sendRedirect("filedownload.jsp");
}
```